수능 기출 75

수학 영역

수학 II

거인의 어깨가 필요할 때

만약 내가 멀리 보았다면, 그것은 거인들의 어깨 위에 서 있었기 때문입니다.

If I have seen farther, it is by standing on the shoulders of giants.

오래전부터 인용되어 온 이 경구는, 성취는 혼자서 이룬 것이 아니라
많은 앞선 노력을 바탕으로 한 결과물이라는 의미를 담고 있습니다.
과학적으로 큰 성취를 이룬 뉴턴(Newton, I.; 1642~1727)도
과학적 공로에 관해 언쟁을 벌이며 경쟁자에게 보낸 편지에
이 문장을 인용하여 자신보다 앞서 과학적 발견을 이룬 과학자들의
도움을 많이 받았음을 고백하였다고 합니다.

수학은 어렵고, 잘하기까지 오랜 시간이 걸립니다.
그렇기에 수학을 공부할 때도 거인의 어깨가 필요합니다.

<각 GAK>은 여러분이 오를 수 있는 거인의 어깨가 되어
여러분의 수학 공부 여정을 함께 하겠습니다.
<각 GAK>의 어깨 위에서 여러분이 원하는
수학적 성취를 이루길 진심으로 기원합니다.

수능 **1등급 각** 나오는

교재 활용법

- 최신 수능 경향 문제로 필요충분하게 수능 완성!
- 외형 중심 유형 분류가 아닌 학습 효율을 높인 유형 구성!

1 기출 문제를 가로-세로 학습하면 생기는 일?

- 왼쪽에는 대표 기출 문제, 오른쪽에는 유사 기출 문제를 배치하여
  ❶ 가로로 익히고 ❷ 세로로 반복하는 학습!
- 가로로 배치된 유사 기출 문제를 함께 풀거나 시간차를 두고
  풀어 보면서 사고를 확장시켜 보자!

❸ A STEP 기본 다지고,

001 2020년 4월 교육청 나형 2번

$\lim_{x \to 0}(x^2+x+3)$의 값은? [2점]

① 1 ② 2 ③ 3
④ 4 ⑤ 5

002 2019년 11월 교육청 나형 6번

두 함수 $f(x)$, $g(x)$가

$\lim_{x \to 2} f(x)=1$, $\lim_{x \to 2}\{2f(x)+g(x)\}=8$

을 만족시킬 때, $\lim_{x \to 2} g(x)$의 값은? [3점]

① 2 ② 4 ③ 6
④ 8 ⑤ 10

003 2018년 9월 교육청 나형 3번 (고2)

$\lim_{x \to 4}\frac{(x-4)(x+2)}{x-4}$의 값은? [2점]

① 2 ② 4 ③ 6
④ 8 ⑤ 10

004 2020년 11월 교육청 22번

$\lim_{x \to 1}\frac{x^2+6x-7}{x-1}$의 값을 구하

005 2023년 11월 교육청 22번

$\lim_{x \to 3}\frac{x-3}{\sqrt{x+1}-2}$의 값을 구하

006 2022년 4월 교육청 3번

$\lim_{x \to 3}\frac{\sqrt{2x-5}-1}{x-3}$의 값은?

① 1 ② 2
④ 4 ⑤ 5

8 I. 함수의 극한과 연속

2 손도 대지 못하는 문제가 있다면?

(1단계) 개념 카드의 실전 개념을 보면서 *A STEP* 문제를 풀어 보자! ······→ ❸

(2단계) 해설에서 풀이는 보지 말고 해결 각 잡기 를 읽고 문제를 다시 풀어 보자! ······→ ❹

(3단계) 풀이의 아랫부분은 가리고 풀이를 한 줄씩 또는 STEP 별로 확인해 보자. ······→ ❺

3 *B STEP* 문제의 오답 정리까지 마쳤다면?

- 수능 완성을 위해 엄선된 고난도 기출 문제인 *C STEP*으로 실력을 향상시켜 보자! ······→ ❻
- 틀리거나 어려웠던 문항에서 자신의 어떤 부분이 부족했는지 치열하게 고민해 보고
  기록해 두자!

개념 카드

③

실전 개념 1 함수의 연속과 불연속 > 유형 01 ~ 07, 09, 10

(1) **함수의 연속**

함수 $f(x)$가 실수 a에 대하여 다음 조건을 모두 만족시킬 때, 함수 $f(x)$는 $x=a$에서 연속이라 한다.

(i) 함수 $f(x)$는 $x=a$에서 정의되어 있다. ← 함숫값 존재

(ii) 극한값 $\lim_{x \to a} f(x)$가 존재한다. ← 극한값 존재

(iii) $\lim_{x \to a} f(x)=f(a)$ ← (극한값)=(함숫값)

(2) **함수의 불연속**

함수 $f(x)$가 $x=a$에서 연속이 아닐 때, 즉 위의 세 조건 중 어느 하나라도 만족시키지 않으면 함수 $f(x)$는 $x=a$에서 불연속이라 한다.

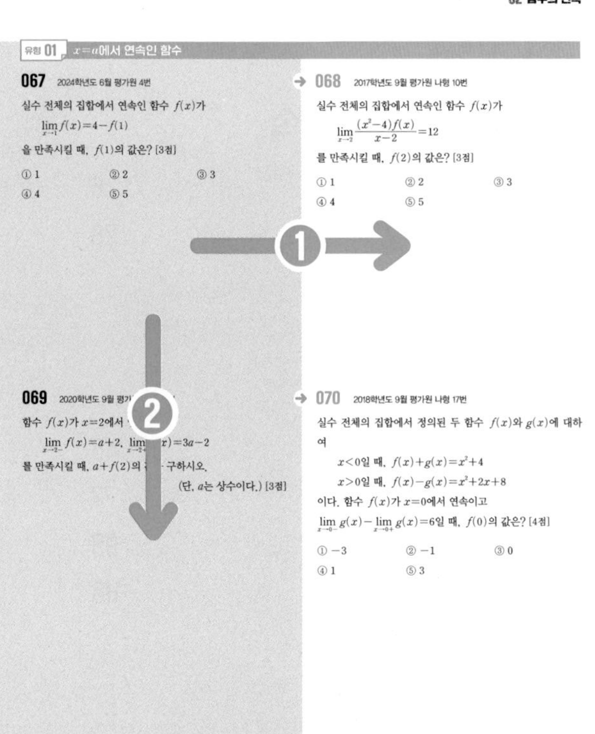

B 유형 & 유사로 익히면…

02 함수의 연속

유형 01 $x=a$에서 연속인 함수

067 2024학년도 6월 평가원 4번

실수 전체의 집합에서 연속인 함수 $f(x)$가

$$\lim_{x \to 1} f(x)=4-f(1)$$

을 만족시킬 때, $f(1)$의 값은? [3점]

① 1 ② 2 ③ 3 ④ 4 ⑤ 5

068 2017학년도 9월 평가원 나형 10번

실수 전체의 집합에서 연속인 함수 $f(x)$가

$$\lim_{x \to 2} \frac{(x^2-4)f(x)}{x-2}=12$$

를 만족시킬 때, $f(2)$의 값은? [3점]

① 1 ② 2 ③ 3 ④ 4 ⑤ 5

①

②

069 2020학년도 9월 평가

함수 $f(x)$가 $x=2$에서

$\lim_{x \to 2-} f(x)=a+2$, $\lim_{x \to 2+} f(x)=3a-2$

를 만족시킬 때, $a+f(2)$의 값을 구하시오. (단, a는 상수이다.) [3점]

070 2018학년도 9월 평가원 나형 17번

실수 전체의 집합에서 정의된 두 함수 $f(x)$와 $g(x)$에 대하여

$x<0$일 때, $f(x)+g(x)=x^2+4$

$x>0$일 때, $f(x)-g(x)=x^2+2x+8$

이다. 함수 $f(x)$가 $x=0$에서 연속이고

$\lim_{x \to 0-} g(x)-\lim_{x \to 0+} g(x)=6$일 때, $f(0)$의 값은? [4점]

① -3 ② -1 ③ 0 ④ 1 ⑤ 3

28 Ⅰ. 함수의 극한과 연속

⑥

C 수능 완성!

> 정답과 해설 15쪽

061 2025학년도 수능(홀) 21번

함수 $f(x)=x^3+ax^2+bx+4$가 다음 조건을 만족시키도록 하는 두 정수 a, b에 대하여 $f(1)$의 최댓값을 구하시오. [4점]

> 모든 실수 α에 대하여 $\lim_{x \to \alpha} \frac{f(2x+1)}{f(x)}$의 값이 존재한다.

062 2017학년도 수능(홀) 나형 18번

최고차항의 계수가 1인 이차함수 $f(x)$가

$$\lim_{x \to a} \frac{f(x)-(x-a)}{f(x)+(x-a)}=\frac{3}{5}$$

을 만족시킨다. 방정식 $f(x)=0$의 두 근을 α, β라 할 때, $|\alpha-\beta|$의 값은? (단, a는 상수이다.) [4점]

① 1 ② 2 ③ 3 ④ 4 ⑤ 5

01 함수의 극한 23

정답과 해설

$f(x)$는 실수 전체의 집합에서 미분가능하므로 닫힌구간 [1, 4]에서 연속이고 열린구간 (1, 4)에서 미분가능하다.

평균값 정리에 의하여 $\frac{f(4)-f(1)}{4-1}=f'(c)$를 만족시키는 c가 열린구간 (1, 4)에 적어도 하나 존재한다.

문제에서 구하는 양수 k의 값은 $\sqrt{7}$로 $1<\sqrt{7}<4$이므로 평균값 정리를 만족시킨다.

답 20

점과 직선 사이의 거리

(x_1, y_1)과 직선 $ax+by+c=0$ 사이의 거리는 $\frac{|ax_1+by_1+c|}{\sqrt{a^2+b^2}}$

261 답 ④

④

해결 각 잡기

✔ ($\overline{AB}$의 기울기)=($\overline{BC}$의 기울기)=($\overline{CA}$의 기울기)이면 세 점 A, B, C가 일직선 위에 있다.

✔ 사각형 AQCP는 적절히 삼각형 두 개로 나누어 넓이를 구해야 한다. 사각형 AQCP의 넓이가 최대이려면 나누어진 삼각형의 밑변이 일정한 값일 때, 높이가 최대이어야 한다.

⑤

STEP 1 직선 AB의 기울기는

$\frac{0-(-6)}{2-(-1)}=\frac{6}{3}=2$

직선 BC의 기울기는

$\frac{4-0}{4-2}=\frac{4}{2}=2$

이므로 세 점 A, B, C는 일직선 위에 있다.

□AQCP=△ACP+△AQC이므로 두 삼각형 ACP, AQC의 밑변을 선분 AC라 하면 높이는 각각 두 점 P, Q와 선분 AC 사이의 거리이다.

Contents

차례

수능 1등급 각 나오는

학습 계획표 4주 28일

- 일차별로 학습 성취도를 체크해 보세요. 성취도가 △, ×이면 반드시 한 번 더 복습합니다.
- 복습할 문항 번호를 메모해 두고 2회독 할 때 중점적으로 점검합니다.

학습일			문항 번호	성취도	복습 문항 번호
1주	1일차		001~024	○ △ ×	
	2일차		025~048	○ △ ×	
	3일차		049~066	○ △ ×	
	4일차		067~090	○ △ ×	
	5일차		091~114	○ △ ×	
	6일차		115~128	○ △ ×	
	7일차		129~154	○ △ ×	
2주	8일차		155~176	○ △ ×	
	9일차		177~200	○ △ ×	
	10일차		201~220	○ △ ×	
	11일차		221~242	○ △ ×	
	12일차		243~266	○ △ ×	
	13일차		267~284	○ △ ×	
	14일차		285~312	○ △ ×	
3주	15일차		313~336	○ △ ×	
	16일차		337~352	○ △ ×	
	17일차		353~378	○ △ ×	
	18일차		379~406	○ △ ×	
	19일차		407~426	○ △ ×	
	20일차		427~454	○ △ ×	
	21일차		455~478	○ △ ×	
4주	22일차		479~500	○ △ ×	
	23일차		501~526	○ △ ×	
	24일차		527~544	○ △ ×	
	25일차		545~566	○ △ ×	
	26일차		567~588	○ △ ×	
	27일차		589~614	○ △ ×	
	28일차		615~634	○ △ ×	

01

함수의 극한

개념 카드

실전 개념 1 함수의 극한의 존재 조건

> 유형 01, 02

함수 $f(x)$의 $x=a$에서의 극한값이 L이면 $x=a$에서의 우극한과 좌극한이 모두 존재하고 그 값은 모두 L과 같다. 또, 그 역도 성립하므로

$$\lim_{x\to a} f(x)=L \Longleftrightarrow \lim_{x\to a+} f(x)=\lim_{x\to a-} f(x)=L$$

실전 개념 2 함수의 극한에 대한 성질

> 유형 01 ~ 07

두 함수 $f(x)$, $g(x)$에 대하여 $\lim_{x\to a} f(x)=L$, $\lim_{x\to a} g(x)=M$ (L, M은 실수)일 때

(1) $\lim_{x\to a} cf(x)=c\lim_{x\to a} f(x)=cL$ (단, c는 상수)

(2) $\lim_{x\to a} \{f(x)\pm g(x)\}=\lim_{x\to a} f(x)\pm\lim_{x\to a} g(x)=L\pm M$ (복부호 동순)

(3) $\lim_{x\to a} f(x)g(x)=\lim_{x\to a} f(x)\times\lim_{x\to a} g(x)=LM$

(4) $\lim_{x\to a} \dfrac{f(x)}{g(x)}=\dfrac{\lim_{x\to a} f(x)}{\lim_{x\to a} g(x)}=\dfrac{L}{M}$ (단, $M\neq 0$)

실전 개념 3 함수의 극한값의 계산

> 유형 03 ~ 07

(1) $\dfrac{0}{0}$ **꼴**: 분자, 분모가 모두 다항식이면 분자, 분모를 각각 인수분해하여 약분한다. 분자, 분모 중 무리식이 있으면 근호를 포함한 쪽을 유리화한 후 약분한다.

(2) $\dfrac{\infty}{\infty}$ **꼴**: 분모의 최고차항으로 분모, 분자를 각각 나눈다.

(3) $\infty-\infty$ **꼴**: 다항식은 최고차항으로 묶는다. 무리식은 유리화한다.

(4) $\infty\times 0$ **꼴**: 통분 또는 유리화하여 $\dfrac{0}{0}$, $\dfrac{\infty}{\infty}$, $\infty\times c$, $\dfrac{c}{\infty}$ (c는 상수) 꼴로 변형한다.

실전 개념 4 미정계수의 결정

> 유형 04, 05

두 함수 $f(x)$, $g(x)$에 대하여

(1) $\lim_{x\to a} \dfrac{f(x)}{g(x)}=L$ (L은 실수)일 때, $\lim_{x\to a} g(x)=0$이면 $\lim_{x\to a} f(x)=0$

(2) $\lim_{x\to a} \dfrac{f(x)}{g(x)}=L$ ($L\neq 0$인 실수)일 때, $\lim_{x\to a} f(x)=0$이면 $\lim_{x\to a} g(x)=0$

실전 개념 5 함수의 극한의 대소 관계

> 유형 06

두 함수 $f(x)$, $g(x)$에서 $\lim_{x\to a} f(x)=L$, $\lim_{x\to a} g(x)=M$ (L, M은 실수)일 때, a에 가까운 모든 실수 x에 대하여

(1) $f(x)\leq g(x)$이면 $\lim_{x\to a} f(x)\leq\lim_{x\to a} g(x)$, 즉 $L\leq M$

(2) 함수 $h(x)$가 $f(x)\leq h(x)\leq g(x)$이고 $L=M$이면 $\lim_{x\to a} h(x)=L$

기본 다지고,

01 함수의 극한

001 2020년 4월 교육청 나형 2번

$\lim_{x \to 0}(x^2+x+3)$의 값은? [2점]

① 1 ② 2 ③ 3 ④ 4 ⑤ 5

002 2019년 11월 교육청 나형 6번

두 함수 $f(x)$, $g(x)$가

$$\lim_{x \to 2}f(x)=1,\ \lim_{x \to 2}\{2f(x)+g(x)\}=8$$

을 만족시킬 때, $\lim_{x \to 2}g(x)$의 값은? [3점]

① 2 ② 4 ③ 6 ④ 8 ⑤ 10

003 2018년 9월 교육청 나형 3번 (고2)

$\lim_{x \to 4}\frac{(x-4)(x+2)}{x-4}$의 값은? [2점]

① 2 ② 4 ③ 6 ④ 8 ⑤ 10

004 2020년 11월 교육청 22번 (고2)

$\lim_{x \to 1}\frac{x^2+6x-7}{x-1}$의 값을 구하시오. [3점]

005 2023년 11월 교육청 22번 (고2)

$\lim_{x \to 3}\frac{x-3}{\sqrt{x+1}-2}$의 값을 구하시오. [3점]

006 2022년 4월 교육청 3번

$\lim_{x \to 3}\frac{\sqrt{2x-5}-1}{x-3}$의 값은? [3점]

① 1 ② 2 ③ 3 ④ 4 ⑤ 5

007 2009년 7월 교육청 가형 18번

$\lim_{x\to3}\frac{x^3-3x^2}{\sqrt{4x-3}-\sqrt{2x+3}}$의 값을 구하시오. [3점]

008 2021년 11월 교육청 22번 (고2)

$\lim_{x\to\infty}\frac{9x^2+1}{3x^2+5x}$의 값을 구하시오. [3점]

009 2023학년도 수능(홀) 2번

$\lim_{x\to\infty}\frac{\sqrt{x^2-2}+3x}{x+5}$의 값은? [2점]

① 1 ② 2 ③ 3
④ 4 ⑤ 5

010 2024년 5월 교육청 2번

$\lim_{x\to\infty}(\sqrt{x^2+4x}-x)$의 값은? [2점]

① 1 ② 2 ③ 3
④ 4 ⑤ 5

011 2010년 4월 교육청 가형 2번

$\lim_{x\to2}\frac{1}{x-2}\left(\frac{1}{x+1}-\frac{1}{3}\right)$의 값은? [2점]

① $-\frac{1}{9}$ ② $-\frac{1}{6}$ ③ $-\frac{1}{4}$
④ $-\frac{1}{3}$ ⑤ $-\frac{1}{2}$

012 2021년 7월 교육청 16번

두 상수 a, b에 대하여 $\lim_{x\to-1}\frac{x^2+4x+a}{x+1}=b$일 때, $a+b$의 값을 구하시오. [3점]

유형 & 유사로 익히면…

유형 01 그래프가 주어진 함수의 우극한과 좌극한

013 2024학년도 9월 평가원 4번

함수 $y=f(x)$의 그래프가 그림과 같다.

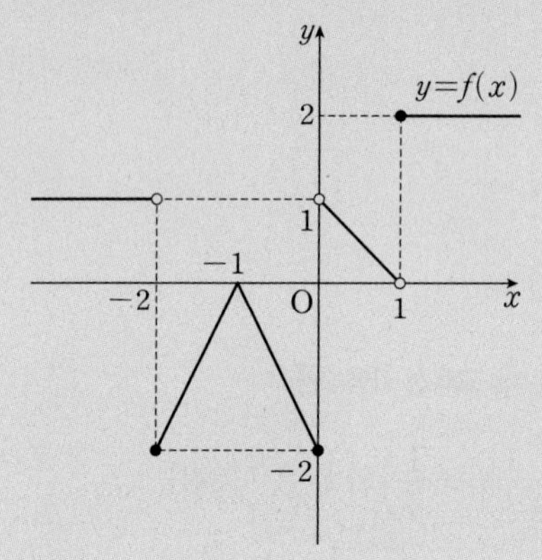

$\lim\limits_{x \to -2+} f(x) + \lim\limits_{x \to 1-} f(x)$의 값은? [3점]

① -2 ② -1 ③ 0
④ 1 ⑤ 2

014 2020년 10월 교육청 나형 8번

함수 $y=f(x)$의 그래프가 그림과 같다.

$\lim\limits_{x \to 1+} f(x) - \lim\limits_{x \to 0-} \dfrac{f(x)}{x-1}$의 값은? [3점]

① -6 ② -3 ③ 0
④ 3 ⑤ 6

015 2017년 4월 교육청 나형 7번

함수 $y=f(x)$의 그래프가 그림과 같다.

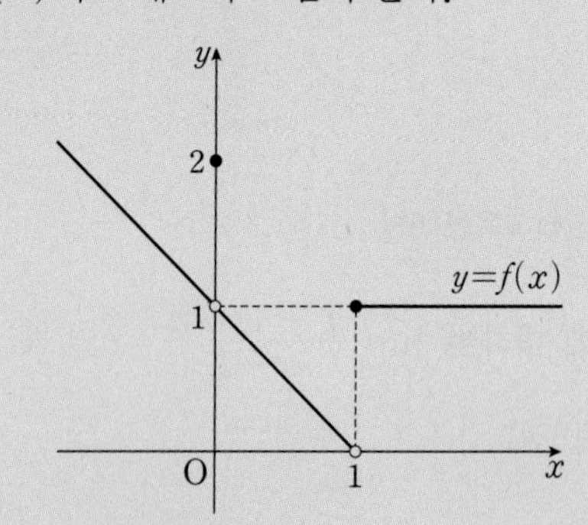

$f(0) + \lim\limits_{x \to 1-} f(x)$의 값은? [3점]

① 1 ② 2 ③ 3
④ 4 ⑤ 5

016 2019년 11월 교육청 가형 4번 / 나형 7번

함수 $y=f(x)$의 그래프가 그림과 같다.

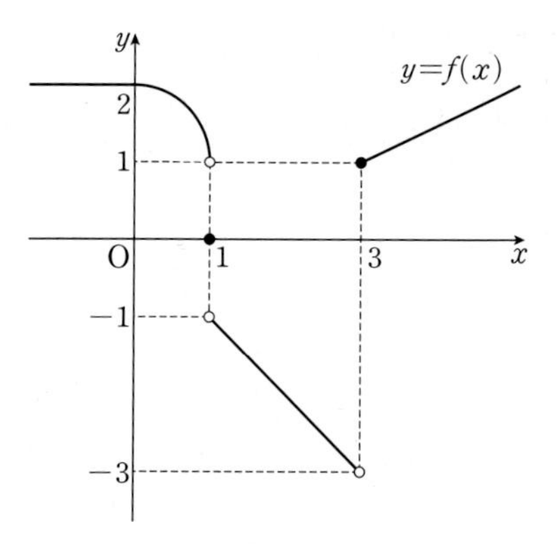

$f(3) + \lim\limits_{x \to 1-} f(x)$의 값은? [3점]

① -2 ② -1 ③ 0
④ 1 ⑤ 2

017 2022학년도 수능(홀) 4번

함수 $y=f(x)$의 그래프가 그림과 같다.

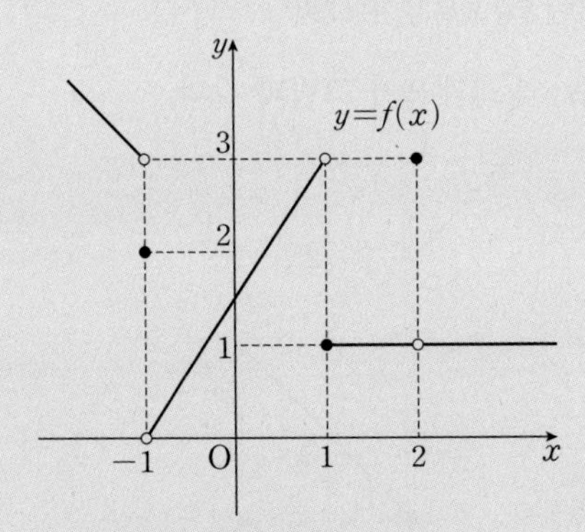

$\lim_{x \to -1-} f(x) + \lim_{x \to 2} f(x)$의 값은? [3점]

① 1 ② 2 ③ 3
④ 4 ⑤ 5

018 2022년 11월 교육청 7번 (고2)

두 함수 $y=f(x)$, $y=g(x)$의 그래프가 그림과 같다.

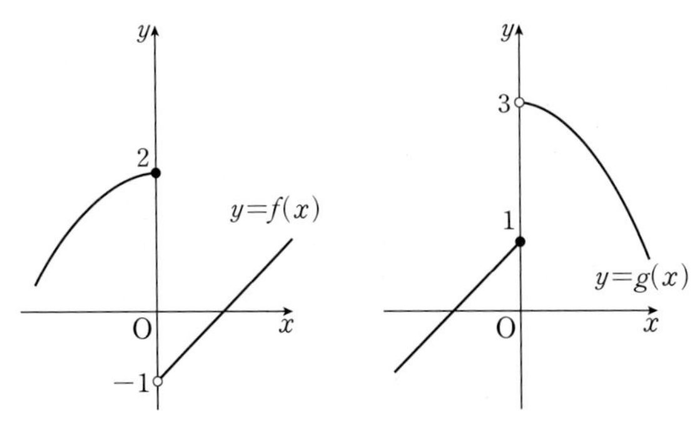

$\lim_{x \to 0} \{f(x)+kg(x)\}$의 값이 존재할 때, 상수 k의 값은? [3점]

① $\frac{1}{2}$ ② 1 ③ $\frac{3}{2}$
④ 2 ⑤ $\frac{5}{2}$

019 2014학년도 9월 평가원 A형 15번

정의역이 $\{x \mid -2 \le x \le 2\}$인 함수 $y=f(x)$의 그래프가 구간 $[0, 2]$에서 그림과 같고, 정의역에 속하는 모든 실수 x에 대하여 $f(-x)=-f(x)$이다. $\lim_{x \to -1+} f(x) + \lim_{x \to 2-} f(x)$의 값은?

[4점]

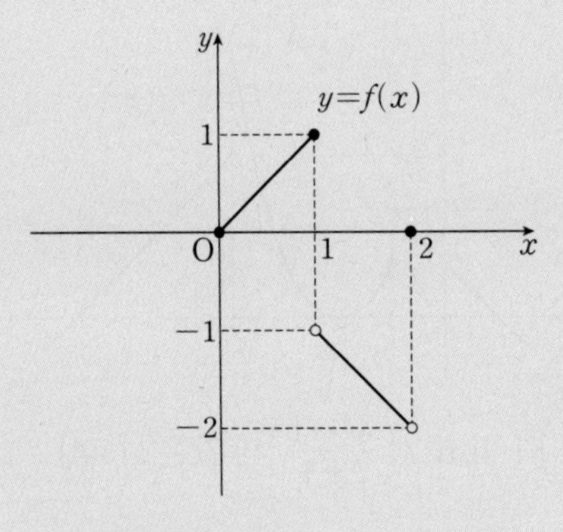

① -3 ② -1 ③ 0
④ 1 ⑤ 3

020 2018년 11월 교육청 나형 15번

$-3<x<3$에서 정의된 함수 $y=f(x)$의 그래프가 그림과 같다.

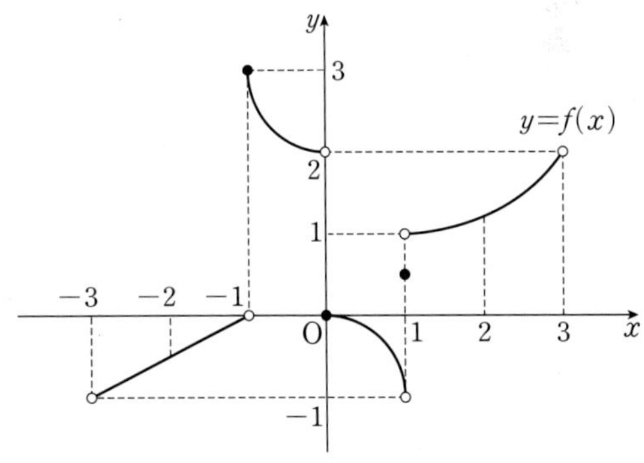

부등식 $\lim_{x \to a-} f(x) > \lim_{x \to a+} f(x)$를 만족시키는 상수 a의 값은?

(단, $-3<a<3$) [4점]

① -2 ② -1 ③ 0
④ 1 ⑤ 2

유형 02 합성함수의 극한

021 2012학년도 9월 평가원 가형 11번

정의역이 $\{x|0\leq x\leq 4\}$인 함수 $y=f(x)$의 그래프가 그림과 같다.

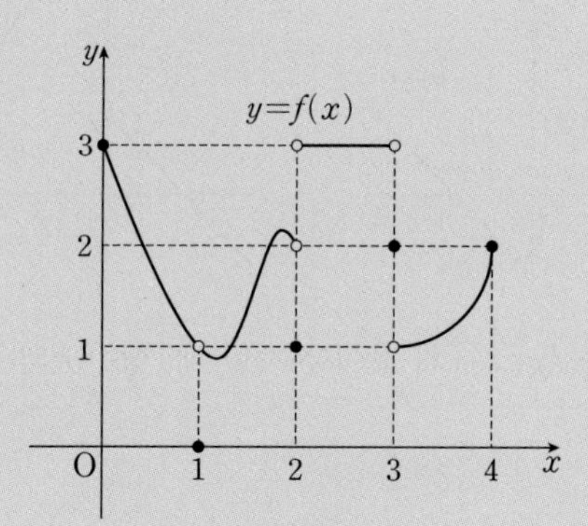

$\lim_{x\to 0+} f(f(x))+\lim_{x\to 2+} f(f(x))$의 값은? [3점]

① 1　② 2　③ 3　④ 4　⑤ 5

022 2020년 3월 교육청 가형 8번

함수 $y=f(x)$의 그래프가 그림과 같다.

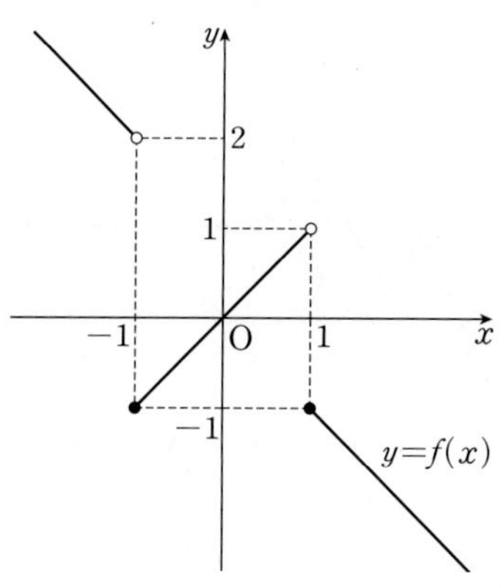

$\lim_{x\to 0+} f(x-1)+\lim_{x\to 1+} f(f(x))$의 값은? [3점]

① -2　② -1　③ 0　④ 1　⑤ 2

023 2017학년도 사관학교 나형 5번

함수 $f(x)$의 그래프가 그림과 같다.

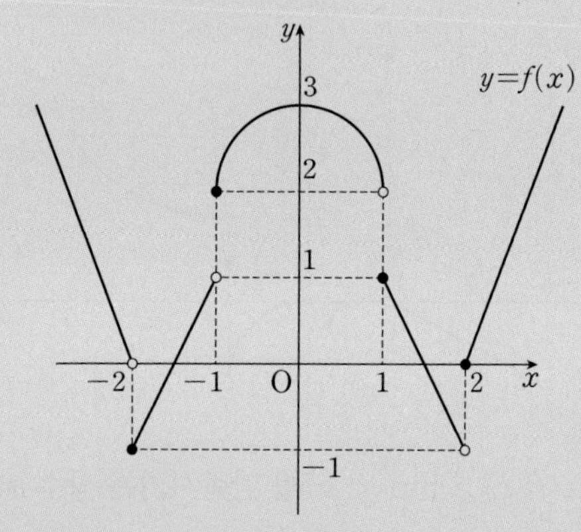

$\lim_{x\to 1-} f(x)+\lim_{x\to 0+} f(x-2)$의 값은? [3점]

① -2　② -1　③ 0　④ 1　⑤ 2

024 2011학년도 6월 평가원 가형 7번

실수 전체의 집합에서 정의된 함수 $y=f(x)$의 그래프가 그림과 같다.

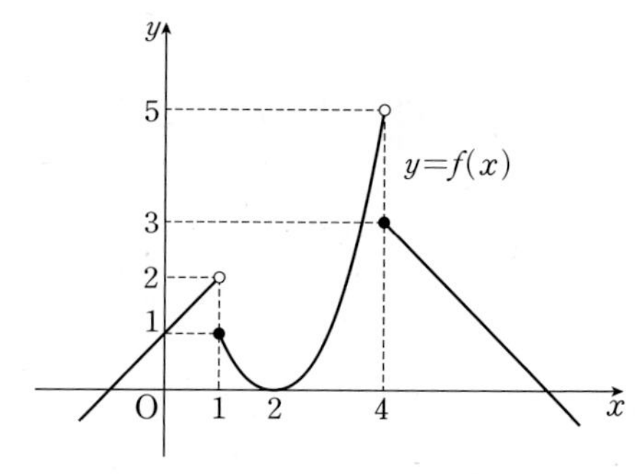

$\lim_{t\to\infty} f\left(\frac{t-1}{t+1}\right)+\lim_{t\to-\infty} f\left(\frac{4t-1}{t+1}\right)$의 값은? [3점]

① 3　② 4　③ 5　④ 6　⑤ 7

유형 03 함수의 극한에 대한 성질

025 2019년 4월 교육청 나형 8번

함수 $f(x)$가 $\lim_{x \to 1}(x-1)f(x)=3$을 만족시킬 때, $\lim_{x \to 1}(x^2-1)f(x)$의 값은? [3점]

① 5 ② 6 ③ 7 ④ 8 ⑤ 9

026 2022년 9월 교육청 26번 (고2)

두 함수 $f(x)$, $g(x)$가

$$\lim_{x \to 1}\frac{f(x)}{x-1}=8,\ \lim_{x \to 1}\frac{g(x)}{x^2-1}=\frac{1}{2}$$

을 만족시킬 때, $\lim_{x \to 1}\frac{(x+1)f(x)}{g(x)}$의 값을 구하시오. [4점]

027 2022년 11월 교육청 6번 (고2)

함수 $f(x)$에 대하여 $\lim_{x \to \infty}\frac{f(x)}{x}=3$일 때, $\lim_{x \to \infty}\frac{2x^2-1}{\{f(x)\}^2+3x^2}$의 값은? [3점]

① $\frac{1}{6}$ ② $\frac{1}{3}$ ③ $\frac{1}{2}$ ④ $\frac{2}{3}$ ⑤ $\frac{5}{6}$

028 2013학년도 6월 평가원 나형 9번

함수 $f(x)$에 대하여 $\lim_{x \to 2}\frac{f(x-2)}{x^2-2x}=4$일 때, $\lim_{x \to 0}\frac{f(x)}{x}$의 값은? [3점]

① 2 ② 4 ③ 6 ④ 8 ⑤ 10

029 2021년 4월 교육청 9번

두 함수 $f(x)$, $g(x)$가

$$\lim_{x \to \infty}\{2f(x)-3g(x)\}=1,\ \lim_{x \to \infty}g(x)=\infty$$

를 만족시킬 때, $\lim_{x \to \infty}\frac{4f(x)+g(x)}{3f(x)-g(x)}$의 값은? [4점]

① 1 ② 2 ③ 3 ④ 4 ⑤ 5

030 2012년 4월 교육청 나형 13번

이차함수 $f(x)$와 다항함수 $g(x)$가 $\lim_{x \to \infty}\{2f(x)-3g(x)\}=2$를 만족시킬 때, $\lim_{x \to \infty}\frac{8f(x)-3g(x)}{3g(x)}$의 값은? [3점]

① $\frac{3}{2}$ ② 2 ③ $\frac{5}{2}$ ④ 3 ⑤ $\frac{7}{2}$

유형 04 미정계수의 결정

031 2019년 4월 교육청 나형 26번

두 상수 a, b에 대하여

$$\lim_{x\to\infty}\frac{ax^2}{x^2-1}=2,\ \lim_{x\to1}\frac{a(x-1)}{x^2-1}=b$$

일 때, $a+b$의 값을 구하시오. [4점]

032 2018년 6월 교육청 나형 11번 (고2)

두 상수 a, b에 대하여

$$\lim_{x\to1}\frac{\sqrt{x+a}-2}{x-1}=b$$

일 때, $a+4b$의 값은? [3점]

① 2　② 4　③ 6　④ 8　⑤ 10

유형 05 함수의 극한을 이용하여 함수의 식 구하기

033 2014년 10월 교육청 A형 10번

다항함수 $f(x)$가 $\lim_{x\to\infty}\frac{f(x)-x^2}{x}=2$를 만족시킬 때,

$\lim_{x\to0+}x^2f\left(\frac{1}{x}\right)$의 값은? [3점]

① 1　② 2　③ 3　④ 4　⑤ 5

034 2023년 4월 교육청 18번

다항함수 $f(x)$가

$$\lim_{x\to\infty}\frac{xf(x)-2x^3+1}{x^2}=5,\ f(0)=1$$

을 만족시킬 때, $f(1)$의 값을 구하시오. [3점]

035 2016학년도 9월 평가원 A형 28번

다항함수 $f(x)$가 다음 조건을 만족시킬 때, $f(2)$의 값을 구하시오. [4점]

(가) $\lim_{x\to\infty}\frac{f(x)-x^3}{3x}=2$

(나) $\lim_{x\to0}f(x)=-7$

036 2019년 9월 교육청 가형 12번 (고2)

다항함수 $f(x)$가

$$\lim_{x\to\infty}\frac{f(x)-3x^2}{x}=10,\ \lim_{x\to1}f(x)=20$$

을 만족시킬 때, $f(0)$의 값은? [3점]

① 3　② 4　③ 5　④ 6　⑤ 7

037 2018학년도 9월 평가원 나형 12번

다항함수 $f(x)$가 다음 조건을 만족시킨다.

(가) $\lim_{x \to \infty} \frac{f(x)}{x^2} = 2$

(나) $\lim_{x \to 0} \frac{f(x)}{x} = 3$

$f(2)$의 값은? [3점]

① 11　② 14　③ 17　④ 20　⑤ 23

038 2011년 4월 교육청 나형 25번

다항함수 $f(x)$가 다음 조건을 만족시킬 때, $f(1)$의 값을 구하시오. [3점]

(가) $\lim_{x \to \infty} \frac{f(x) - 3x^3}{x^2} = 2$

(나) $\lim_{x \to 0} \frac{f(x)}{x} = 2$

039 2022년 7월 교육청 8번

다항함수 $f(x)$가

$$\lim_{x \to \infty} \frac{f(x)}{x^2} = 2, \lim_{x \to 1} \frac{f(x)}{x-1} = 3$$

을 만족시킬 때, $f(3)$의 값은? [3점]

① 11　② 12　③ 13　④ 14　⑤ 15

040 2015학년도 6월 평가원 A형 29번

다항함수 $f(x)$가

$$\lim_{x \to \infty} \frac{f(x) - x^3}{x^2} = -11, \lim_{x \to 1} \frac{f(x)}{x-1} = -9$$

를 만족시킬 때, $\lim_{x \to \infty} xf\left(\frac{1}{x}\right)$의 값을 구하시오. [4점]

041 2019년 10월 교육청 나형 24번

최고차항의 계수가 1인 이차함수 $f(x)$에 대하여

$\lim_{x \to 5} \frac{f(x)-x}{x-5}=8$일 때, $f(7)$의 값을 구하시오. [3점]

042 2020년 4월 교육청 나형 14번

다항함수 $f(x)$가

$$\lim_{x \to \infty} \frac{f(x)}{x^2}=3, \lim_{x \to 2} \frac{f(x)}{x^2-x-2}=6$$

을 만족시킬 때, $f(0)$의 값은? [4점]

① -24 ② -21 ③ -18
④ -15 ⑤ -12

043 2010학년도 6월 평가원 가형 19번

다항함수 $f(x)$가

$$\lim_{x \to 0+} \frac{x^3 f\left(\frac{1}{x}\right)-1}{x^3+x}=5, \lim_{x \to 1} \frac{f(x)}{x^2+x-2}=\frac{1}{3}$$

을 만족시킬 때, $f(2)$의 값을 구하시오. [3점]

044 2017년 10월 교육청 나형 17번

최고차항의 계수가 1인 이차함수 $f(x)$가

$$\lim_{x \to 0} |x| \left\{ f\left(\frac{1}{x}\right)-f\left(-\frac{1}{x}\right) \right\}=a, \lim_{x \to \infty} f\left(\frac{1}{x}\right)=3$$

을 만족시킬 때, $f(2)$의 값은? (단, a는 상수이다.) [4점]

① 1 ② 3 ③ 5
④ 7 ⑤ 9

> 정답과 해설 9쪽

01

045 2012년 3월 교육청 가형 24번

최고차항의 계수가 양수인 다항함수 $f(x)$는 다음 조건을 만족시킨다.

(가) $\lim_{x \to \infty} \frac{\{f(x)\}^2}{x^4} = 4$

(나) $\lim_{x \to 1} \frac{f(x) - x^2}{x - 1} = 3$

$f(10)$의 값을 구하시오. [3점]

046 2023년 9월 교육청 26번 (고2)

두 이차함수 $f(x)$, $g(x)$가

$$\lim_{x \to \infty} \frac{f(x)}{g(x) - x^2} = 1, \ \lim_{x \to 3} \frac{g(x) - f(x)}{x - 3} = 8$$

을 만족시킬 때, $g(5) - f(5)$의 값을 구하시오. [4점]

047 2022년 11월 교육청 27번 (고2)

일차함수 $f(x)$와 최고차항의 계수가 1인 이차함수 $g(x)$에 대하여

$$\lim_{x \to -3} \frac{f(x)g(x)}{(x+3)^2} = 4, \ \lim_{x \to -3} \frac{f(x) + g(x)}{x + 3} = -4$$

일 때, $g(2) - f(2)$의 값을 구하시오. [4점]

048 2020학년도 수능(홀) 나형 14번

상수항과 계수가 모두 정수인 두 다항함수 $f(x)$, $g(x)$가 다음 조건을 만족시킬 때, $f(2)$의 최댓값은? [4점]

(가) $\lim_{x \to \infty} \frac{f(x)g(x)}{x^3} = 2$

(나) $\lim_{x \to 0} \frac{f(x)g(x)}{x^2} = -4$

① 4 ② 6 ③ 8 ④ 10 ⑤ 12

유형 06 함수의 극한의 대소 관계

049 2022년 11월 교육청 4번 (고2)

함수 $f(x)$가 모든 실수 x에 대하여

$$2x+1 \le f(x) \le (x+1)^2$$

을 만족시킬 때, $\lim_{x \to 0}(x+5)f(x)$의 값은? [3점]

① 1 ② 2 ③ 3 ④ 4 ⑤ 5

050 2021년 11월 교육청 13번 (고2)

0이 아닌 모든 실수 x에 대하여 함수 $f(x)$가

$$\frac{1}{2}x^2+2x < f(x) < x^2+2x$$

를 만족시킬 때, $\lim_{x \to 0}\frac{xf(x)+5x}{2f(x)-x}$의 값은? [3점]

① $\frac{5}{3}$ ② 2 ③ $\frac{7}{3}$ ④ $\frac{8}{3}$ ⑤ 3

051 2020년 11월 교육청 7번 (고2)

실수 전체의 집합에서 정의된 함수 $f(x)$가 모든 실수 x에 대하여 부등식

$$5x-1 < (x^2+1)f(x) < 5x+2$$

를 만족시킬 때, $\lim_{x \to \infty} xf(x)$의 값은? [3점]

① 1 ② 2 ③ 3 ④ 4 ⑤ 5

052 2016년 11월 교육청 가형 27번 (고2)

다항함수 $f(x)$는 양의 실수 x에 대하여 다음 조건을 만족시킨다.

(가) $2x^2-5x \le f(x) \le 2x^2+2$

(나) $\lim_{x \to 1}\frac{f(x)}{x^2+2x-3}=\frac{1}{4}$

$f(3)$의 값을 구하시오. [4점]

> 정답과 해설 11쪽

유형 07 함수의 극한의 도형에의 활용

053 2013년 4월 교육청 A형 13번

그림과 같이 두 함수 $y=3\sqrt{x}$, $y=\sqrt{x}$의 그래프와 직선 $x=k$가 만나는 점을 각각 A, B라 하고, 직선 $x=k$가 x축과 만나는 점을 C라 하자. $\lim_{k \to 0+} \frac{\overline{OA}-\overline{AC}}{\overline{OB}-\overline{BC}}$의 값은?

(단, $k>0$이고, O는 원점이다.) [3점]

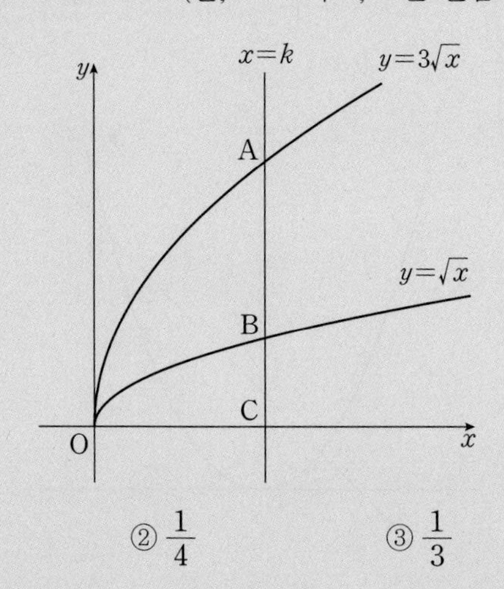

① $\frac{1}{5}$ ② $\frac{1}{4}$ ③ $\frac{1}{3}$

④ $\frac{1}{2}$ ⑤ 1

054 2020년 7월 교육청 나형 13번

곡선 $y=\sqrt{x}$ 위의 점 $P(t, \sqrt{t})$ $(t>4)$에서 직선 $y=\frac{1}{2}x$에 내린 수선의 발을 H라 하자. $\lim_{t \to \infty} \frac{\overline{OH}^2}{\overline{OP}^2}$의 값은?

(단, O는 원점이다.) [3점]

① $\frac{3}{5}$ ② $\frac{2}{3}$ ③ $\frac{11}{15}$

④ $\frac{4}{5}$ ⑤ $\frac{13}{15}$

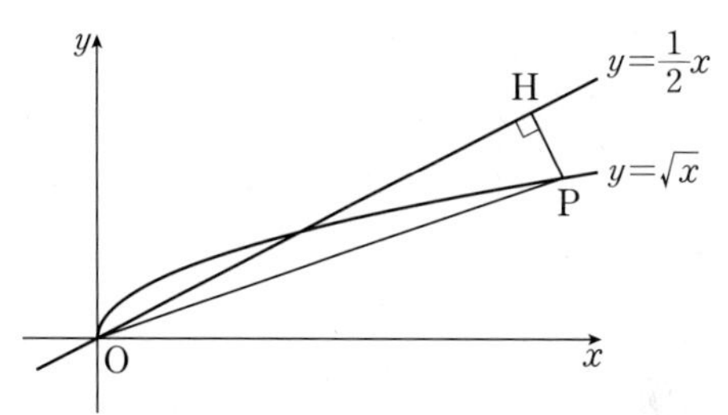

055 2023학년도 9월 평가원 12번

실수 t $(t>0)$에 대하여 직선 $y=x+t$와 곡선 $y=x^2$이 만나는 두 점을 A, B라 하자. 점 A를 지나고 x축에 평행한 직선이 곡선 $y=x^2$과 만나는 점 중 A가 아닌 점을 C, 점 B에서 선분 AC에 내린 수선의 발을 H라 하자. $\lim_{t\to 0+}\frac{\overline{AH}-\overline{CH}}{t}$의 값은?

(단, 점 A의 x좌표는 양수이다.) [4점]

① 1 ② 2 ③ 3
④ 4 ⑤ 5

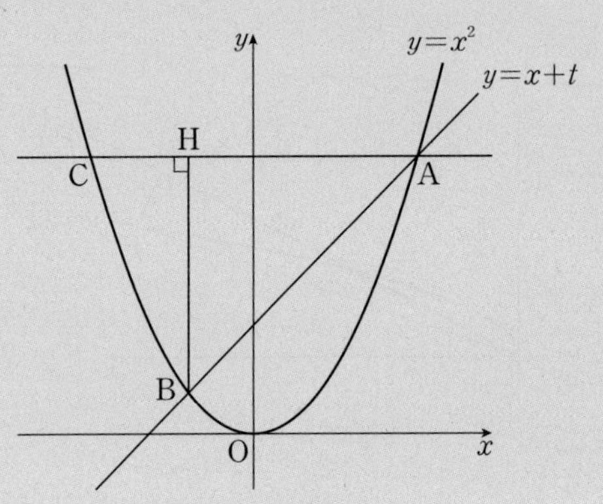

056 2023년 3월 교육청 12번

곡선 $y=x^2$과 기울기가 1인 직선 l이 서로 다른 두 점 A, B에서 만난다. 양의 실수 t에 대하여 선분 AB의 길이가 $2t$가 되도록 하는 직선 l의 y절편을 $g(t)$라 할 때, $\lim_{t\to\infty}\frac{g(t)}{t^2}$의 값은? [4점]

① $\frac{1}{16}$ ② $\frac{1}{8}$ ③ $\frac{1}{4}$
④ $\frac{1}{2}$ ⑤ 1

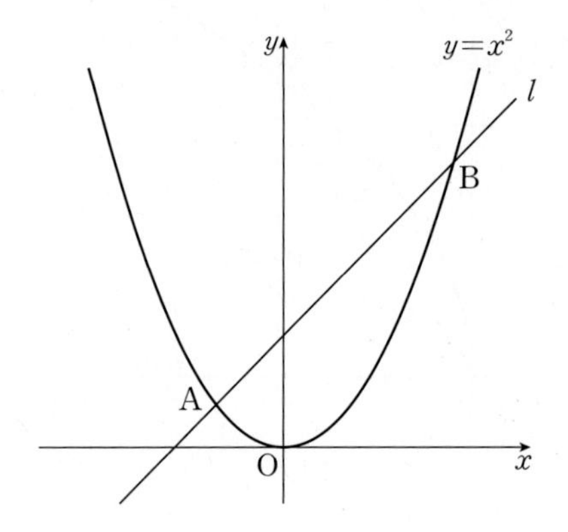

057 2016년 11월 교육청 나형 20번 (고2)

그림과 같이 양수 t에 대하여 곡선 $y=x^2$ 위의 점 $\mathrm{P}(t,\ t^2)$을 지나고 선분 OP에 수직인 직선이 y축과 만나는 점을 Q라 하자. 삼각형 OPQ의 넓이를 $S(t)$라 할 때, $\lim_{t \to 0+} \frac{S(t)}{t}$의 값은? (단, O는 원점이다.) [4점]

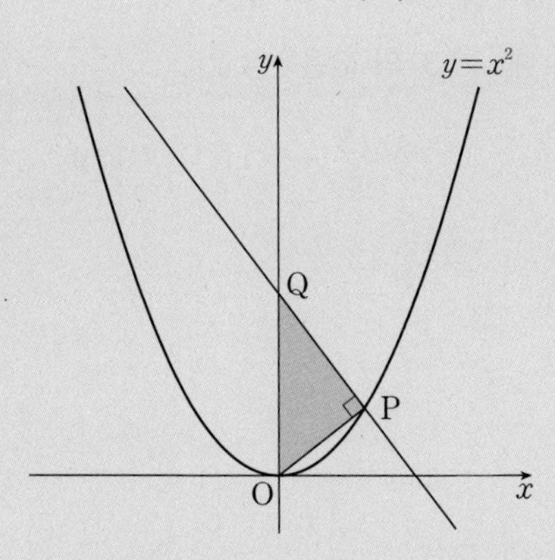

① $\frac{1}{3}$ ② $\frac{1}{2}$ ③ $\frac{2}{3}$
④ $\frac{5}{6}$ ⑤ 1

058 2017년 4월 교육청 나형 21번

그림과 같이 곡선 $y=x^2$ 위의 점 $\mathrm{P}(t,\ t^2)$ $(t>0)$에 대하여 x축 위의 점 Q, y축 위의 점 R가 다음 조건을 만족시킨다.

> (가) 삼각형 POQ는 $\overline{\mathrm{PO}}=\overline{\mathrm{PQ}}$인 이등변삼각형이다.
> (나) 삼각형 PRO는 $\overline{\mathrm{RO}}=\overline{\mathrm{RP}}$인 이등변삼각형이다.

삼각형 POQ와 삼각형 PRO의 넓이를 각각 $S(t)$, $T(t)$라 할 때, $\lim_{t \to 0+} \frac{T(t)-S(t)}{t}$의 값은? (단, O는 원점이다.) [4점]

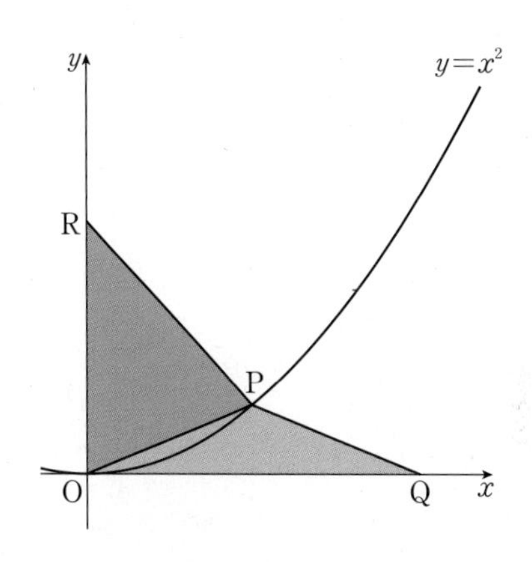

① $\frac{1}{8}$ ② $\frac{1}{4}$ ③ $\frac{3}{8}$
④ $\frac{1}{2}$ ⑤ $\frac{5}{8}$

> 정답과 해설 14쪽

059 2012학년도 6월 평가원 나형 18번

실수 t에 대하여 직선 $y=t$가 함수 $y=|x^2-1|$의 그래프와 만나는 점의 개수를 $f(t)$라 할 때, $\lim_{t \to 1-} f(t)$의 값은? [4점]

① 1 ② 2 ③ 3
④ 4 ⑤ 5

060 2020년 11월 교육청 20번 (고2)

양수 k에 대하여 함수 $f(x)$를 $f(x)=\left|\frac{kx}{x-1}\right|$라 하자. 실수 t에 대하여 곡선 $y=f(x)$와 직선 $y=t$가 만나는 점의 개수를 $g(t)$라 하자. 함수 $g(t)$가

$$\lim_{t \to 0+} g(t) + \lim_{t \to 2-} g(t) + g(4) = 5$$

를 만족시킬 때, $f(3)$의 값은? [4점]

① 6 ② $\frac{15}{2}$ ③ 9
④ $\frac{21}{2}$ ⑤ 12

> 정답과 해설 15쪽

061 2025학년도 수능(홀) 21번

함수 $f(x)=x^3+ax^2+bx+4$가 다음 조건을 만족시키도록 하는 두 정수 a, b에 대하여 $f(1)$의 최댓값을 구하시오. [4점]

> 모든 실수 α에 대하여 $\lim_{x \to \alpha} \frac{f(2x+1)}{f(x)}$의 값이 존재한다.

062 2017학년도 수능(홀) 나형 18번

최고차항의 계수가 1인 이차함수 $f(x)$가

$$\lim_{x \to a} \frac{f(x)-(x-a)}{f(x)+(x-a)}=\frac{3}{5}$$

을 만족시킨다. 방정식 $f(x)=0$의 두 근을 α, β라 할 때, $|\alpha-\beta|$의 값은? (단, a는 상수이다.) [4점]

① 1　② 2　③ 3　④ 4　⑤ 5

063 2022년 10월 교육청 20번

최고차항의 계수가 1이고 다음 조건을 만족시키는 모든 삼차 함수 $f(x)$에 대하여 $f(5)$의 최댓값을 구하시오. [4점]

> (가) $\lim_{x \to 0} \frac{|f(x)-1|}{x}$의 값이 존재한다.
>
> (나) 모든 실수 x에 대하여 $xf(x) \geq -4x^2+x$이다.

064 2015학년도 6월 평가원 A형 21번

최고차항의 계수가 1인 두 삼차함수 $f(x)$, $g(x)$가 다음 조건을 만족시킨다.

> (가) $g(1)=0$
>
> (나) $\lim_{x \to n} \frac{f(x)}{g(x)}=(n-1)(n-2)$ $(n=1, 2, 3, 4)$

$g(5)$의 값은? [4점]

① 4 ② 6 ③ 8 ④ 10 ⑤ 12

> 정답과 해설 16쪽

065 2020학년도 6월 평가원 나형 20번

다음 조건을 만족시키는 모든 다항함수 $f(x)$에 대하여 $f(1)$의 최댓값은? [4점]

> $\lim_{x \to \infty} \frac{f(x)-4x^3+3x^2}{x^{n+1}+1}=6$, $\lim_{x \to 0} \frac{f(x)}{x^n}=4$인 자연수 n이 존재한다.

① 12 ② 13 ③ 14 ④ 15 ⑤ 16

066 2024년 5월 교육청 20번

두 다항함수 $f(x)$, $g(x)$가 모든 실수 x에 대하여

$$xf(x)=\left(-\frac{1}{2}x+3\right)g(x)-x^3+2x^2$$

을 만족시킨다. 상수 k $(k \neq 0)$에 대하여

$$\lim_{x \to 2} \frac{g(x-1)}{f(x)-g(x)} \times \lim_{x \to \infty} \frac{\{f(x)\}^2}{g(x)}=k$$

일 때, k의 값을 구하시오. [4점]

02

함수의 연속

개념 카드

실전 개념 1 함수의 연속과 불연속

> 유형 01 ~ 07, 09, 10

(1) 함수의 연속

함수 $f(x)$가 실수 a에 대하여 다음 조건을 모두 만족시킬 때, 함수 $f(x)$는 $x=a$에서 연속이라 한다.

(i) 함수 $f(x)$는 $x=a$에서 정의되어 있다. ← 함숫값 존재

(ii) 극한값 $\lim_{x \to a} f(x)$가 존재한다. ← 극한값 존재

(iii) $\lim_{x \to a} f(x) = f(a)$ ← (극한값)=(함숫값)

(2) 함수의 불연속

함수 $f(x)$가 $x=a$에서 연속이 아닐 때, 즉 위의 세 조건 중 어느 하나라도 만족시키지 않으면 함수 $f(x)$는 $x=a$에서 불연속이라 한다.

실전 개념 2 연속함수의 성질

> 유형 01 ~ 06, 10

(1) 연속함수

함수 $f(x)$가 어떤 구간에 속하는 모든 실수에 대하여 연속일 때, $f(x)$는 그 구간에서 연속 또는 그 구간에서 연속함수라 한다.

(2) 연속함수의 성질

두 함수 $f(x)$, $g(x)$가 $x=a$에서 연속이면 다음 함수도 $x=a$에서 연속이다.

① $cf(x)$ (단, c는 상수) ② $f(x)+g(x)$, $f(x)-g(x)$

③ $f(x)g(x)$ ④ $\dfrac{f(x)}{g(x)}$ (단, $g(a)\neq 0$)

실전 개념 3 사잇값의 정리

> 유형 08

(1) 사잇값의 정리

함수 $f(x)$가 닫힌구간 $[a, b]$에서 연속이고 $f(a)\neq f(b)$이면 $f(a)$와 $f(b)$ 사이에 있는 임의의 값 k에 대하여 $f(c)=k$인 c가 열린구간 (a, b)에 적어도 하나 존재한다.

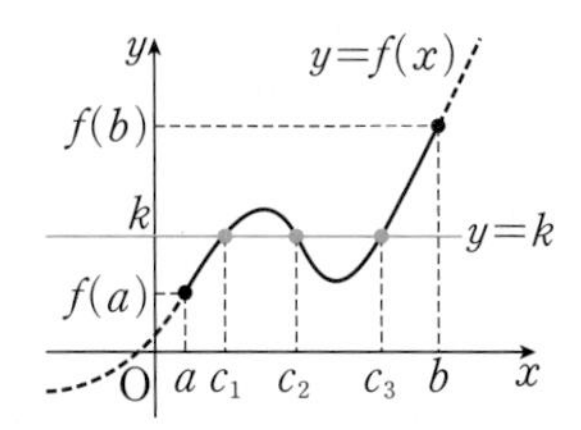

(2) 사잇값의 정리의 활용

함수 $f(x)$가 닫힌구간 $[a, b]$에서 연속이고 $f(a)$와 $f(b)$의 부호가 서로 다르면, 즉 $f(a)f(b)<0$이면 $f(c)=0$인 c가 열린구간 (a, b)에 적어도 하나 존재한다.

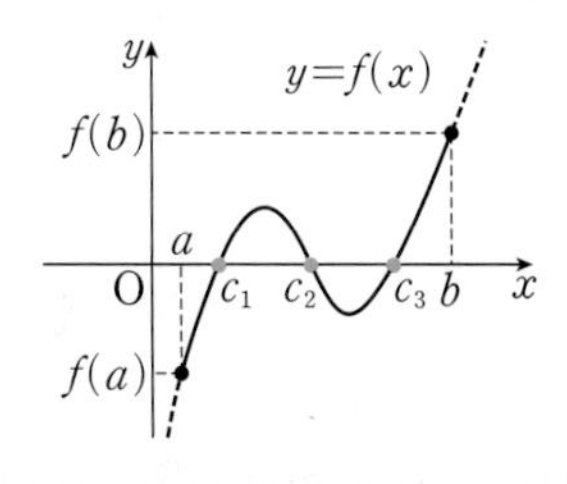

유형 & 유사로 익히면…

유형 01 $x=a$에서 연속인 함수

067 2024학년도 6월 평가원 4번

실수 전체의 집합에서 연속인 함수 $f(x)$가

$$\lim_{x\to1}f(x)=4-f(1)$$

을 만족시킬 때, $f(1)$의 값은? [3점]

① 1 ② 2 ③ 3 ④ 4 ⑤ 5

068 2017학년도 9월 평가원 나형 10번

실수 전체의 집합에서 연속인 함수 $f(x)$가

$$\lim_{x\to2}\frac{(x^2-4)f(x)}{x-2}=12$$

를 만족시킬 때, $f(2)$의 값은? [3점]

① 1 ② 2 ③ 3 ④ 4 ⑤ 5

069 2020학년도 9월 평가원 나형 23번

함수 $f(x)$가 $x=2$에서 연속이고

$$\lim_{x\to2-}f(x)=a+2,\ \lim_{x\to2+}f(x)=3a-2$$

를 만족시킬 때, $a+f(2)$의 값을 구하시오.

(단, a는 상수이다.) [3점]

070 2018학년도 9월 평가원 나형 17번

실수 전체의 집합에서 정의된 두 함수 $f(x)$와 $g(x)$에 대하여

$x<0$일 때, $f(x)+g(x)=x^2+4$

$x>0$일 때, $f(x)-g(x)=x^2+2x+8$

이다. 함수 $f(x)$가 $x=0$에서 연속이고

$\lim_{x\to0-}g(x)-\lim_{x\to0+}g(x)=6$일 때, $f(0)$의 값은? [4점]

① -3 ② -1 ③ 0 ④ 1 ⑤ 3

071 2017년 6월 교육청 나형 24번 (고2)

함수

$$f(x)=\begin{cases} 2x+a & (x<1) \\ x+13 & (x\geq 1) \end{cases}$$

이 $x=1$에서 연속이 되도록 하는 상수 a의 값을 구하시오.

[3점]

072 2024년 3월 교육청 4번

함수

$$f(x)=\begin{cases} 2x+a & (x<3) \\ \sqrt{x+1}-a & (x\geq 3) \end{cases}$$

이 $x=3$에서 연속일 때, 상수 a의 값은? [3점]

① -2 ② -1 ③ 0
④ 1 ⑤ 2

073 2012년 7월 교육청 나형 4번

함수

$$f(x)=\begin{cases} \dfrac{x^2+x-2}{x-1} & (x\neq 1) \\ k & (x=1) \end{cases}$$

가 $x=1$에서 연속일 때, 상수 k의 값은? [3점]

① 0 ② 1 ③ 2
④ 3 ⑤ 4

074 2021년 4월 교육청 8번

함수

$$f(x)=\begin{cases} \dfrac{x^2+3x+a}{x-2} & (x<2) \\ -x^2+b & (x\geq 2) \end{cases}$$

가 $x=2$에서 연속일 때, $a+b$의 값은?

(단, a, b는 상수이다.) [3점]

① 1 ② 2 ③ 3
④ 4 ⑤ 5

유형 02 실수 전체의 집합에서 연속인 함수

075 2023학년도 9월 평가원 4번

함수

$$f(x)=\begin{cases} -2x+a & (x\le a) \\ ax-6 & (x>a) \end{cases}$$

가 실수 전체의 집합에서 연속이 되도록 하는 모든 상수 a의 값의 합은? [3점]

① -1 ② -2 ③ -3
④ -4 ⑤ -5

076 2018년 9월 교육청 나형 10번 (고2)

함수

$$f(x)=\begin{cases} 2x^2+ax+1 & (x<1) \\ 7 & (x=1) \\ -3x+b & (x>1) \end{cases}$$

이 실수 전체의 집합에서 연속일 때, $a+b$의 값은?

(단, a와 b는 상수이다.) [3점]

① 11 ② 12 ③ 13
④ 14 ⑤ 15

077 2021년 3월 교육청 6번

함수

$$f(x)=\begin{cases} \dfrac{x^2+ax+b}{x-3} & (x<3) \\ \dfrac{2x+1}{x-2} & (x\ge 3) \end{cases}$$

이 실수 전체의 집합에서 연속일 때, $a-b$의 값은?

(단, a, b는 상수이다.) [3점]

① 9 ② 10 ③ 11
④ 12 ⑤ 13

078 2021학년도 수능(홀) 나형 26번

함수

$$f(x)=\begin{cases} -3x+a & (x\le 1) \\ \dfrac{x+b}{\sqrt{x+3}-2} & (x>1) \end{cases}$$

이 실수 전체의 집합에서 연속일 때, $a+b$의 값을 구하시오.

(단, a와 b는 상수이다.) [4점]

> 정답과 해설 20쪽

079 2018년 4월 교육청 나형 13번

함수

$$f(x)=\begin{cases} \dfrac{x^2-2x-3}{x-3} & (x\neq3) \\ a & (x=3) \end{cases}$$

가 실수 전체의 집합에서 연속일 때, 상수 a의 값은? [3점]

① 1　② 2　③ 3　④ 4　⑤ 5

080 2018년 6월 교육청 나형 26번 (고2)

함수

$$f(x)=\begin{cases} \dfrac{x^2+ax-10}{x-2} & (x\neq2) \\ b & (x=2) \end{cases}$$

가 실수 전체의 집합에서 연속일 때, 두 상수 a, b에 대하여 $a+b$의 값을 구하시오. [4점]

081 2020년 3월 교육청 나형 6번

모든 실수에서 연속인 함수 $f(x)$가

$$(x-1)f(x)=x^2-3x+2$$

를 만족시킬 때, $f(1)$의 값은? [3점]

① -2　② -1　③ 0　④ 1　⑤ 2

082 2022년 11월 교육청 9번 (고2)

실수 전체의 집합에서 연속인 함수 $f(x)$가 모든 실수 x에 대하여

$$(x-1)f(x)=\sqrt{x^2+3}+a$$

를 만족시킬 때, $f(1)$의 값은? (단, a는 상수이다.) [3점]

① $\dfrac{1}{4}$　② $\dfrac{1}{2}$　③ $\dfrac{3}{4}$　④ 1　⑤ $\dfrac{5}{4}$

083 2015년 6월 교육청 가형 24번 (고2)

함수

$$f(x)=\frac{x+1}{x^2+ax+2a}$$

이 실수 전체의 집합에서 연속이 되도록 하는 정수 a의 개수를 구하시오. [3점]

084 2019학년도 6월 평가원 나형 28번

이차함수 $f(x)$가 다음 조건을 만족시킨다.

(가) 함수 $\dfrac{x}{f(x)}$는 $x=1$, $x=2$에서 불연속이다.

(나) $\displaystyle\lim_{x\to2}\frac{f(x)}{x-2}=4$

$f(4)$의 값을 구하시오. [4점]

유형 03 $|f(x)|$ 또는 $\{f(x)\}^2$ 꼴의 함수의 연속

085 2018년 10월 교육청 나형 15번

함수

$$f(x)=\begin{cases} x+2 & (x\le a) \\ x^2-4 & (x>a) \end{cases}$$

에 대하여 함수 $|f(x)|$가 실수 전체의 집합에서 연속이 되도록 하는 모든 실수 a의 값의 합은? [4점]

① -3　② -2　③ -1　④ 1　⑤ 2

086 2023학년도 6월 평가원 6번

두 양수 a, b에 대하여 함수 $f(x)$가

$$f(x)=\begin{cases} x+a & (x<-1) \\ x & (-1\le x<3) \\ bx-2 & (x\ge 3) \end{cases}$$

이다. 함수 $|f(x)|$가 실수 전체의 집합에서 연속일 때, $a+b$의 값은? [3점]

① $\frac{7}{3}$　② $\frac{8}{3}$　③ 3　④ $\frac{10}{3}$　⑤ $\frac{11}{3}$

087 2022학년도 6월 평가원 8번

함수

$$f(x)=\begin{cases} -2x+6 & (x<a) \\ 2x-a & (x\ge a) \end{cases}$$

에 대하여 함수 $\{f(x)\}^2$이 실수 전체의 집합에서 연속이 되도록 하는 모든 상수 a의 값의 합은? [3점]

① 2　② 4　③ 6　④ 8　⑤ 10

088 2023년 3월 교육청 6번

함수

$$f(x)=\begin{cases} x^2-ax+1 & (x<2) \\ -x+1 & (x\ge 2) \end{cases}$$

에 대하여 함수 $\{f(x)\}^2$이 실수 전체의 집합에서 연속이 되도록 하는 모든 상수 a의 값의 합은? [3점]

① 5　② 6　③ 7　④ 8　⑤ 9

> 정답과 해설 22쪽

089 2025학년도 6월 평가원 9번

함수

$$f(x)=\begin{cases} x-\dfrac{1}{2} & (x<0) \\ -x^2+3 & (x\geq 0) \end{cases}$$

에 대하여 함수 $(f(x)+a)^2$이 실수 전체의 집합에서 연속일 때, 상수 a의 값은? [4점]

① $-\dfrac{9}{4}$ ② $-\dfrac{7}{4}$ ③ $-\dfrac{5}{4}$
④ $-\dfrac{3}{4}$ ⑤ $-\dfrac{1}{4}$

090 2012학년도 9월 평가원 나형 20번

함수 $f(x)=x^2-x+a$에 대하여 함수 $g(x)$를

$$g(x)=\begin{cases} f(x+1) & (x\leq 0) \\ f(x-1) & (x>0) \end{cases}$$

이라 하자. 함수 $y=\{g(x)\}^2$이 $x=0$에서 연속일 때, 상수 a의 값은? [4점]

① -2 ② -1 ③ 0
④ 1 ⑤ 2

유형 04 함수의 곱의 연속 (1); (불연속)×(불연속)

091 2014학년도 6월 평가원 A형 13번

함수

$$f(x)=\begin{cases} x+2 & (x\leq 0) \\ -\dfrac{1}{2}x & (x>0) \end{cases}$$

의 그래프가 그림과 같다. 함수 $g(x)=f(x)\{f(x)+k\}$가 $x=0$에서 연속이 되도록 하는 상수 k의 값은? [3점]

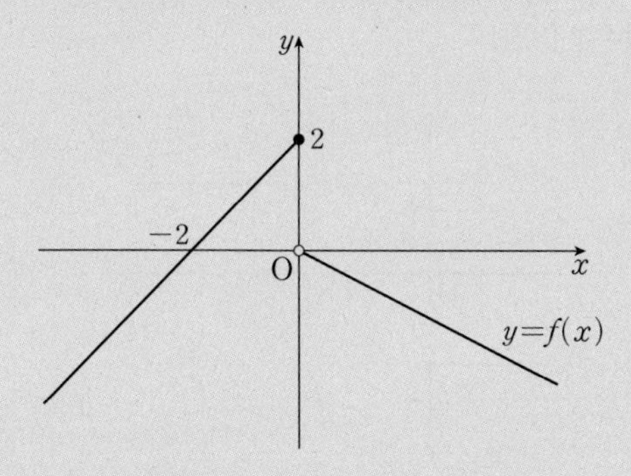

① -2 ② -1 ③ 0
④ 1 ⑤ 2

092 2016년 10월 교육청 나형 14번

두 함수

$$f(x)=\begin{cases} -x^2+a & (x\leq 2) \\ x^2-4 & (x>2) \end{cases},\quad g(x)=\begin{cases} x-4 & (x\leq 2) \\ \dfrac{1}{x-2} & (x>2) \end{cases}$$

에 대하여 함수 $f(x)g(x)$가 $x=2$에서 연속이 되도록 하는 상수 a의 값은? [4점]

① 1 ② 2 ③ 3
④ 4 ⑤ 5

유형 05 함수의 곱의 연속 (2); (연속)×(불연속) ①

093 2017학년도 수능(홀) 나형 14번

두 함수

$$f(x)=\begin{cases} x^2-4x+6 & (x<2) \\ 1 & (x\geq 2) \end{cases},$$

$$g(x)=ax+1$$

에 대하여 함수 $\dfrac{g(x)}{f(x)}$가 실수 전체의 집합에서 연속일 때, 상수 a의 값은? [4점]

① $-\dfrac{5}{4}$ ② -1 ③ $-\dfrac{3}{4}$
④ $-\dfrac{1}{2}$ ⑤ $-\dfrac{1}{4}$

094 2020학년도 6월 평가원 나형 15번

두 함수

$$f(x)=\begin{cases} -2x+3 & (x<0) \\ -2x+2 & (x\geq 0) \end{cases},$$

$$g(x)=\begin{cases} 2x & (x<a) \\ 2x-1 & (x\geq a) \end{cases}$$

가 있다. 함수 $f(x)g(x)$가 실수 전체의 집합에서 연속이 되도록 하는 상수 a의 값은? [4점]

① -2 ② -1 ③ 0
④ 1 ⑤ 2

095 2020년 10월 교육청 나형 24번

함수 $y=f(x)$의 그래프가 그림과 같다.

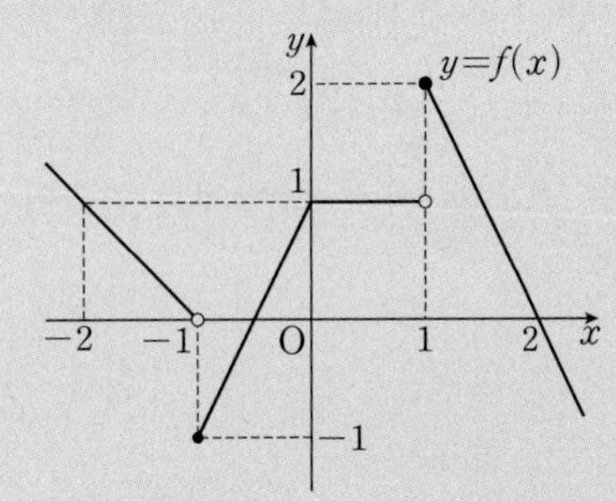

최고차항의 계수가 1인 이차함수 $g(x)$에 대하여 함수 $h(x)=f(x)g(x)$가 구간 $(-2,\ 2)$에서 연속일 때, $g(5)$의 값을 구하시오. [3점]

096 2013학년도 6월 평가원 가형 6번

최고차항의 계수가 1인 이차함수 $f(x)$와 함수

$$g(x)=\begin{cases} -1 & (x\leq 0) \\ -x+1 & (0<x<2) \\ 1 & (x\geq 2) \end{cases}$$

에 대하여 함수 $f(x)g(x)$가 실수 전체의 집합에서 연속이다. $f(5)$의 값은? [3점]

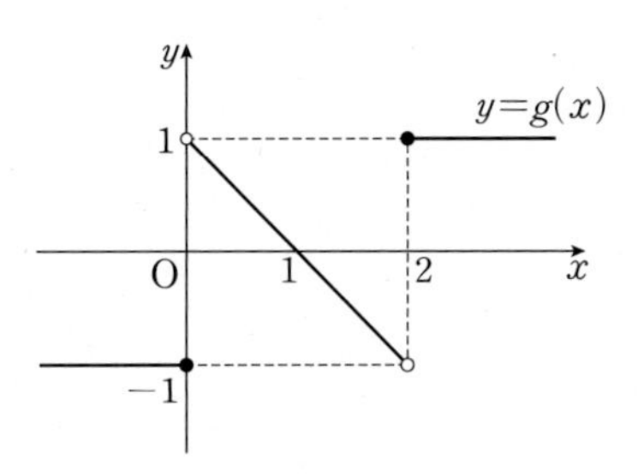

① 15 ② 17 ③ 19
④ 21 ⑤ 23

097 2021년 10월 교육청 5번

함수 $y=f(x)$의 그래프가 그림과 같다.

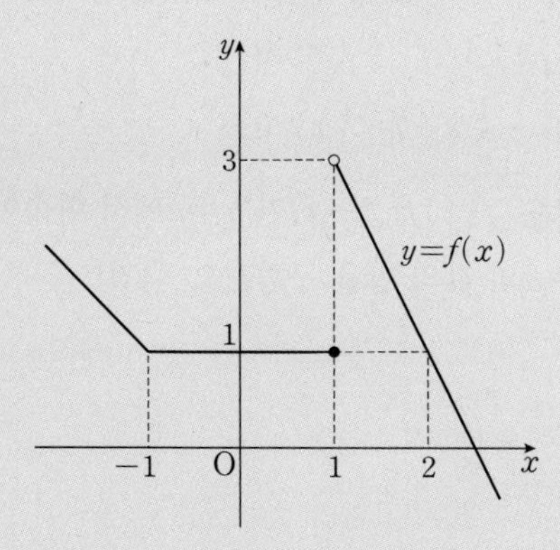

함수 $(x^2+ax+b)f(x)$가 $x=1$에서 연속일 때, $a+b$의 값은? (단, a, b는 실수이다.) [3점]

① -2 ② -1 ③ 0
④ 1 ⑤ 2

098 2014년 7월 교육청 A형 18번

다항함수 $f(x)$가

$$\lim_{x\to\infty}\frac{f(x)}{x^2}=1,\ \lim_{x\to1}\frac{f(x)}{x-1}=k$$

를 만족시키고, 함수 $g(x)$는

$$g(x)=\begin{cases} x+1 & (x\le2) \\ 2-x & (x>2)\end{cases}$$

이다. 함수 $h(x)=f(x)g(x)$가 $x=2$에서 연속이 되도록 하는 상수 k의 값은? [4점]

① -2 ② -1 ③ 0
④ 1 ⑤ 2

099 2016학년도 수능(홀) A형 27번

두 함수

$$f(x)=\begin{cases} x+3 & (x\le a) \\ x^2-x & (x>a)\end{cases},\ g(x)=x-(2a+7)$$

에 대하여 함수 $f(x)g(x)$가 실수 전체의 집합에서 연속이 되도록 하는 모든 실수 a의 값의 곱을 구하시오. [4점]

100 2019년 10월 교육청 나형 14번

최고차항의 계수가 1인 이차함수 $f(x)$와 함수

$$g(x)=\begin{cases} -|x|+2 & (|x|\le2) \\ 1 & (|x|>2)\end{cases}$$

에 대하여 함수 $f(x)g(x)$가 실수 전체의 집합에서 연속이다. 함수 $y=f(x-a)g(x)$의 그래프가 한 점에서만 불연속이 되도록 하는 모든 실수 a의 값의 곱은? [4점]

① -16 ② -12 ③ -8
④ -4 ⑤ -1

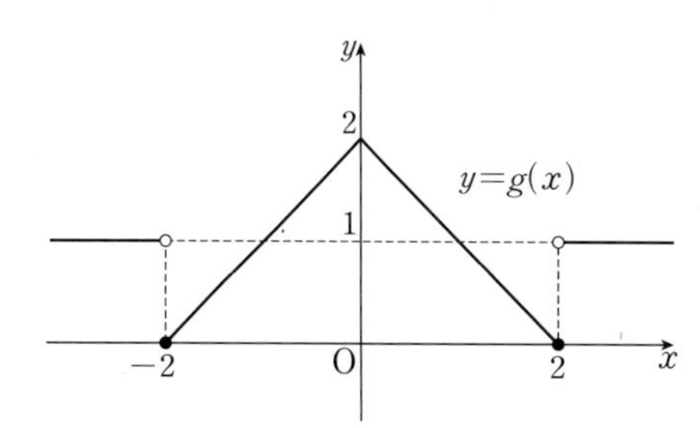

101 2015년 7월 교육청 A형 19번

-1이 아닌 실수 a에 대하여 함수 $f(x)$가

$$f(x)=\begin{cases}-x-1 & (x\le 0)\\ 2x+a & (x>0)\end{cases}$$

일 때, 함수 $g(x)=f(x)f(x-1)$이 실수 전체의 집합에서 연속이 되도록 하는 a의 값은? [4점]

① $-\frac{7}{2}$ ② -3 ③ $-\frac{5}{2}$

④ -2 ⑤ $-\frac{3}{2}$

102 2014학년도 수능(홀) A형 28번

함수

$$f(x)=\begin{cases}x+1 & (x\le 0)\\ -\frac{1}{2}x+7 & (x>0)\end{cases}$$

에 대하여 함수 $f(x)f(x-a)$가 $x=a$에서 연속이 되도록 하는 모든 실수 a의 값의 합을 구하시오. [4점]

유형 06 함수의 곱의 연속 (3): (연속)×(불연속) ②

103 2013년 7월 교육청 A형 28번

함수 $f(x)=\begin{cases}\frac{2}{x-2} & (x\ne 2)\\ 1 & (x=2)\end{cases}$ 와 이차함수 $g(x)$가 다음 두 조건을 만족시킨다.

> (가) $g(0)=8$
> (나) 함수 $f(x)g(x)$는 모든 실수에서 연속이다.

이때 $g(6)$의 값을 구하시오. [4점]

104 2021년 7월 교육청 12번

다항함수 $f(x)$는 $\lim_{x\to\infty}\frac{f(x)}{x^2-3x-5}=2$를 만족시키고, 함수 $g(x)$는

$$g(x)=\begin{cases}\frac{1}{x-3} & (x\ne 3)\\ 1 & (x=3)\end{cases}$$

이다. 두 함수 $f(x)$, $g(x)$에 대하여 함수 $f(x)g(x)$가 실수 전체의 집합에서 연속일 때, $f(1)$의 값은? [4점]

① 8 ② 9 ③ 10

④ 11 ⑤ 12

> 정답과 해설 26쪽

105 2020년 3월 교육청 가형 12번

두 함수

$$f(x)=\begin{cases} \dfrac{1}{x-1} & (x<1) \\ \dfrac{1}{2x+1} & (x\ge 1) \end{cases},$$

$$g(x)=2x^3+ax+b$$

에 대하여 함수 $f(x)g(x)$가 실수 전체의 집합에서 연속일 때, $b-a$의 값은? (단, a, b는 상수이다.) [3점]

① 10 ② 9 ③ 8
④ 7 ⑤ 6

106 2016년 6월 교육청 가형 16번 (고2)

함수

$$f(x)=\begin{cases} x^2-4x+5 & (x\le 2) \\ x-2 & (x>2) \end{cases}$$

와 최고차항의 계수가 1인 이차함수 $g(x)$에 대하여 함수 $\dfrac{g(x)}{f(x)}$가 실수 전체의 집합에서 연속일 때, $g(5)$의 값은? [4점]

① 7 ② 8 ③ 9
④ 10 ⑤ 11

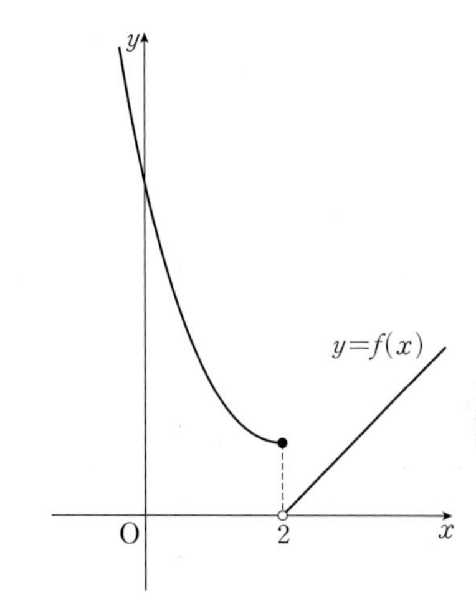

유형 07 합성함수의 연속

107 2015학년도 6월 평가원 B형 18번

닫힌구간 $[-1, 4]$에서 정의된 함수 $y=f(x)$의 그래프가 그림과 같다.

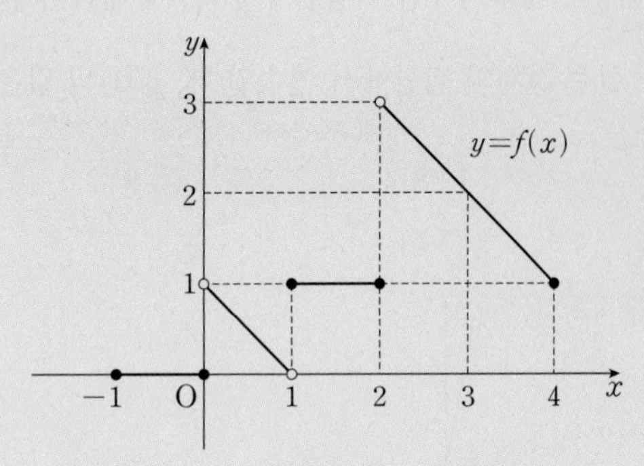

보기에서 옳은 것만을 있는 대로 고른 것은? [4점]

보기

ㄱ. $\lim_{x \to 1-} f(x) < \lim_{x \to 1+} f(x)$

ㄴ. $\lim_{t \to \infty} f\left(\frac{1}{t}\right) = 1$

ㄷ. 함수 $f(f(x))$는 $x=3$에서 연속이다.

① ㄱ　② ㄷ　③ ㄱ, ㄴ
④ ㄴ, ㄷ　⑤ ㄱ, ㄴ, ㄷ

108 2013년 7월 교육청 B형 16번

그림은 두 함수 $y=f(x)$, $y=g(x)$의 그래프이다. 옳은 것만을 **보기**에서 있는 대로 고른 것은? [4점]

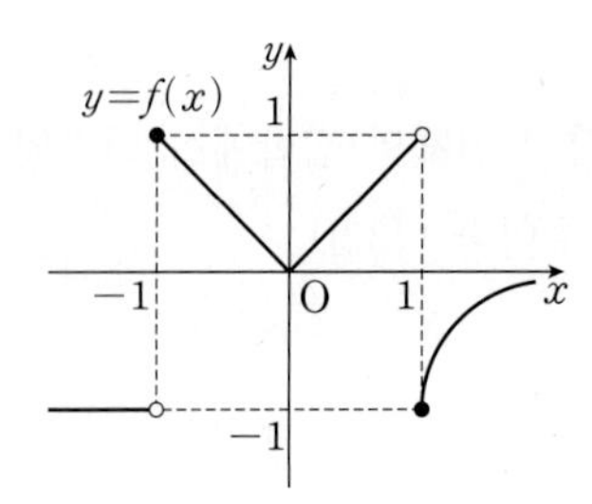

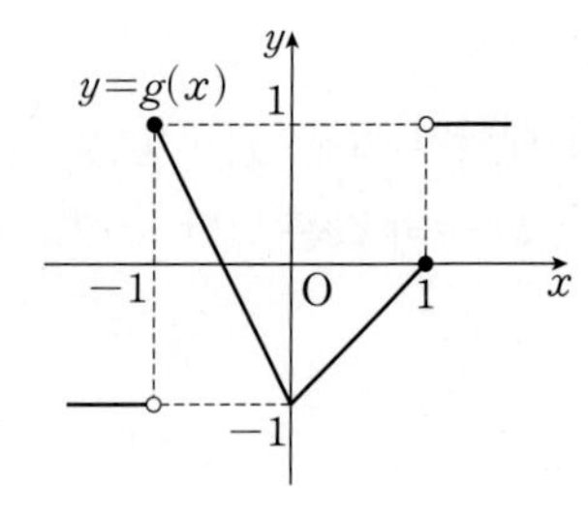

보기

ㄱ. 함수 $f(x)-g(x)$는 $x=-1$에서 연속이다.

ㄴ. 함수 $f(x)g(x)$는 $x=-1$에서 연속이다.

ㄷ. 함수 $(f \circ g)(x)$는 $x=1$에서 연속이다.

① ㄱ　② ㄷ　③ ㄱ, ㄴ
④ ㄴ, ㄷ　⑤ ㄱ, ㄴ, ㄷ

109 2013년 10월 교육청 B형 25번

실수 전체의 집합에서 정의된 함수 $y=f(x)$의 그래프는 그림과 같다. 함수 $g(x)=ax^3+bx^2+cx+10$ (a, b, c는 상수)에 대하여 합성함수 $(g \circ f)(x)$가 실수 전체의 집합에서 연속이다. $g(1)+g(2)$의 값을 구하시오. [3점]

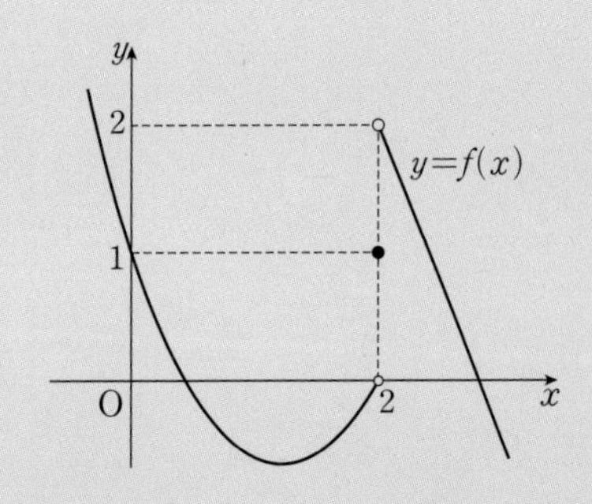

110 2013학년도 수능(홀) 가형 15번

실수 전체의 집합에서 정의된 함수 $y=f(x)$의 그래프는 그림과 같고, 삼차함수 $g(x)$는 최고차항의 계수가 1이고, $g(0)=3$이다. 합성함수 $(g \circ f)(x)$가 실수 전체의 집합에서 연속일 때, $g(3)$의 값은? [4점]

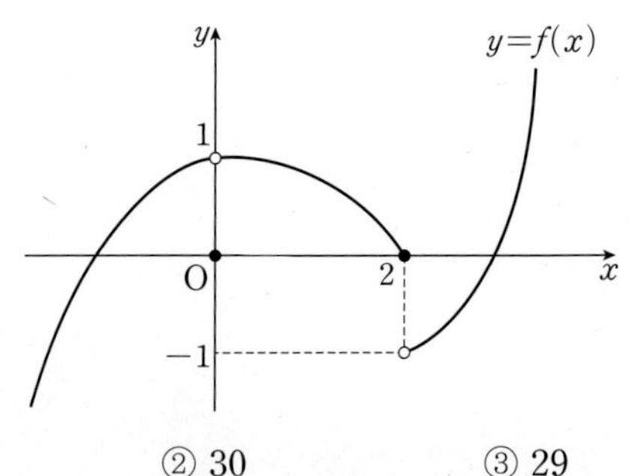

① 31　② 30　③ 29
④ 28　⑤ 27

> 정답과 해설 28쪽

111 2014년 3월 교육청 B형 16번

두 함수

$$f(x)=\begin{cases} x^2-x+2a & (x\ge 1) \\ 3x+a & (x<1) \end{cases}$$

$$g(x)=x^2+ax+3$$

에 대하여 합성함수 $(g\circ f)(x)$가 실수 전체의 집합에서 연속이 되도록 하는 모든 상수 a의 값의 합은? [4점]

① $\frac{7}{4}$ ② $\frac{15}{8}$ ③ 2
④ $\frac{17}{8}$ ⑤ $\frac{9}{4}$

112 2009학년도 6월 평가원 가형 11번

함수 $f(x)$는 구간 $(-1, 1]$에서

$$f(x)=(x-1)(2x-1)(x+1)$$

이고, 모든 실수 x에 대하여

$$f(x)=f(x+2)$$

이다. $a>1$에 대하여 함수 $g(x)$가

$$g(x)=\begin{cases} x & (x\ne 1) \\ a & (x=1) \end{cases}$$

일 때, 합성함수 $(f\circ g)(x)$가 $x=1$에서 연속이다. a의 최솟값은? [4점]

① 2 ② $\frac{5}{2}$ ③ 3
④ $\frac{7}{2}$ ⑤ 4

113 2013학년도 9월 평가원 가형 6번

실수 전체의 집합에서 정의된 함수 $f(x)$의 그래프가 그림과 같다.

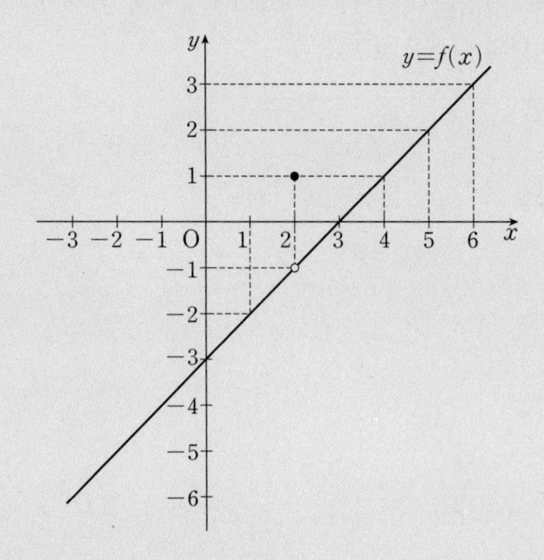

합성함수 $(f\circ f)(x)$가 $x=a$에서 불연속이 되는 모든 a의 값의 합은? (단, $0\le a\le 6$이다.) [3점]

① 3 ② 4 ③ 5
④ 6 ⑤ 7

114 2013년 3월 교육청 B형 30번

그림은 실수 전체의 집합에서 정의된 함수 $y=f(x)$의 그래프이다.

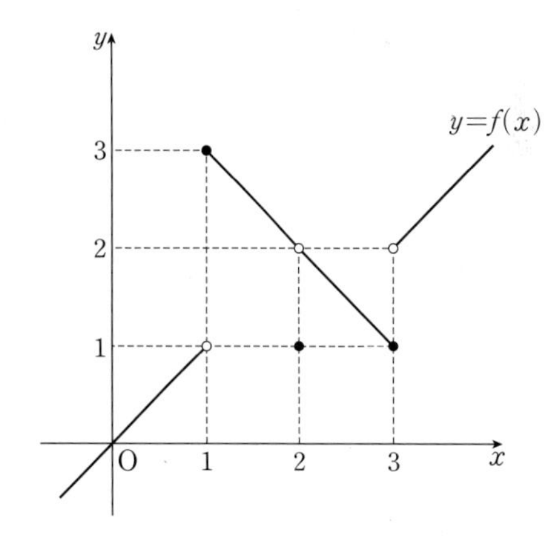

함수 $f(x)$는 $x=1$, $x=2$, $x=3$에서만 불연속이다. 이차함수 $g(x)=x^2-4x+k$에 대하여 함수 $(f\circ g)(x)$가 $x=2$에서 불연속이 되도록 하는 모든 실수 k의 합을 구하시오. [4점]

유형 08 사잇값의 정리

115 2023년 10월 교육청 4번

두 자연수 m, n에 대하여 함수 $f(x)=x(x-m)(x-n)$이

$f(1)f(3)<0$, $f(3)f(5)<0$

을 만족시킬 때, $f(6)$의 값은? [3점]

① 30 ② 36 ③ 42
④ 48 ⑤ 54

116 2007학년도 6월 평가원 가형 7번

삼차함수 $y=f(x)$의 그래프와 함수

$$g(x)=\begin{cases}\frac{1}{2}x-1 & (x>0)\\ -x-2 & (x\le 0)\end{cases}$$

의 그래프가 그림과 같을 때, **보기**에서 옳은 것을 모두 고른 것은? [3점]

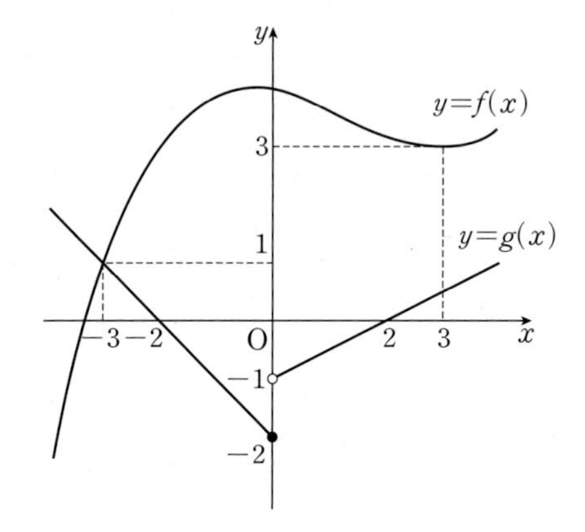

보기

ㄱ. $\lim_{x\to 0+} g(x)=-2$

ㄴ. 함수 $g(f(x))$는 $x=0$에서 연속이다.

ㄷ. 방정식 $g(f(x))=0$은 닫힌구간 $[-3,\ 3]$에서 적어도 하나의 실근을 갖는다.

① ㄱ ② ㄴ ③ ㄷ
④ ㄴ, ㄷ ⑤ ㄱ, ㄴ, ㄷ

> 정답과 해설 30쪽

유형 09 주기함수의 연속

117 2011년 3월 교육청 가형 8번

연속함수 $f(x)$가 다음 조건을 만족시킨다.

> (가) 모든 실수 x에 대하여 $f(x+5)=f(x)$
> (나) $f(x)=\begin{cases} 2x+a & (-2\le x<1) \\ x^2+bx+3 & (1\le x\le 3) \end{cases}$

이때, $f(2011)$의 값은? [3점]

① -9 ② -7 ③ -5
④ -3 ⑤ -1

118 2022년 10월 교육청 11번

두 정수 a, b에 대하여 실수 전체의 집합에서 연속인 함수 $f(x)$가 다음 조건을 만족시킨다.

> (가) $0\le x<4$에서 $f(x)=ax^2+bx-24$이다.
> (나) 모든 실수 x에 대하여 $f(x+4)=f(x)$이다.

$1<x<10$일 때, 방정식 $f(x)=0$의 서로 다른 실근의 개수가 5이다. $a+b$의 값은? [4점]

① 18 ② 19 ③ 20
④ 21 ⑤ 22

유형 10 새롭게 정의된 함수의 연속

119 2021년 3월 교육청 20번

실수 m에 대하여 직선 $y=mx$와 함수

$$f(x)=2x+3+|x-1|$$

의 그래프의 교점의 개수를 $g(m)$이라 하자. 최고차항의 계수가 1인 이차함수 $h(x)$에 대하여 함수 $g(x)h(x)$가 실수 전체의 집합에서 연속일 때, $h(5)$의 값을 구하시오. [4점]

120 2016학년도 6월 평가원 A형 29번

실수 t에 대하여 직선 $y=t$가 곡선 $y=|x^2-2x|$와 만나는 점의 개수를 $f(t)$라 하자. 최고차항의 계수가 1인 이차함수 $g(t)$에 대하여 함수 $f(t)g(t)$가 모든 실수 t에서 연속일 때, $f(3)+g(3)$의 값을 구하시오. [4점]

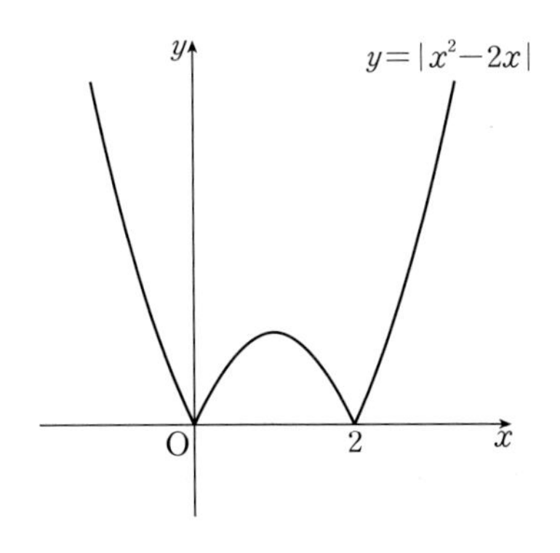

> 정답과 해설 32쪽

121 2007학년도 수능(홀) 가형 9번

좌표평면에서 중심이 $(0,\ 3)$이고 반지름의 길이가 1인 원을 C라 하자. 양수 r에 대하여 $f(r)$를 반지름의 길이가 r인 원 중에서, 원 C와 한 점에서 만나고 동시에 x축에 접하는 원의 개수라 하자. **보기**에서 옳은 것을 모두 고른 것은? [4점]

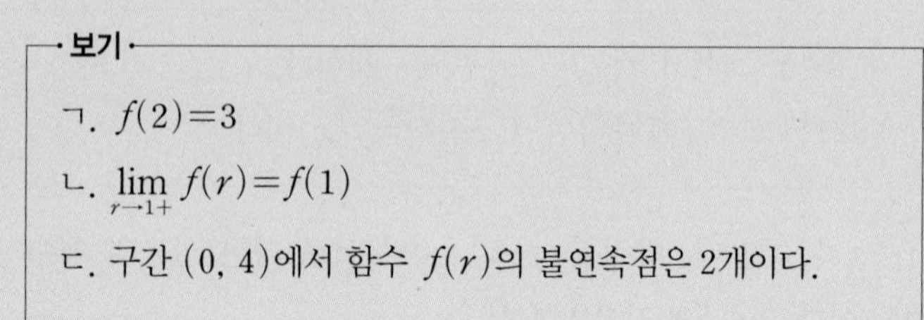
보기

ㄱ. $f(2)=3$

ㄴ. $\lim_{r \to 1+} f(r)=f(1)$

ㄷ. 구간 $(0,\ 4)$에서 함수 $f(r)$의 불연속점은 2개이다.

① ㄱ ② ㄴ ③ ㄷ
④ ㄱ, ㄷ ⑤ ㄱ, ㄴ, ㄷ

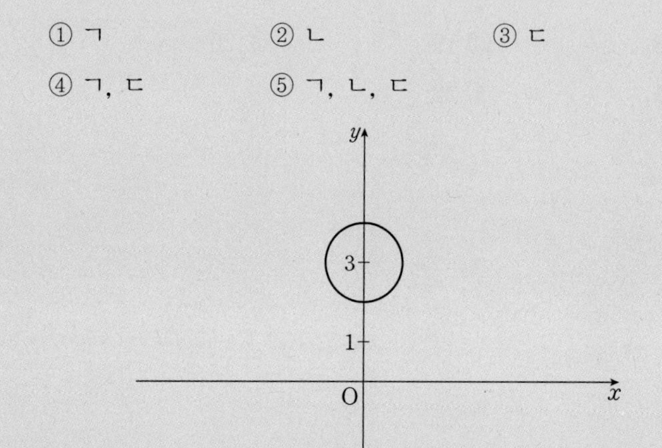

122 2017년 4월 교육청 나형 29번

그림과 같이 $\overline{AB}=4$, $\overline{BC}=3$, $\angle B=90^\circ$인 삼각형 ABC의 변 AB 위를 움직이는 점 P를 중심으로 하고 반지름의 길이가 2인 원 O가 있다. $\overline{AP}=x\,(0<x<4)$라 할 때, 원 O가 삼각형 ABC와 만나는 서로 다른 점의 개수를 $f(x)$라 하자. 함수 $f(x)$가 $x=a$에서 불연속이 되는 모든 실수 a의 값의 합은 $\frac{q}{p}$이다. $p+q$의 값을 구하시오.

(단, p와 q는 서로소인 자연수이다.) [4점]

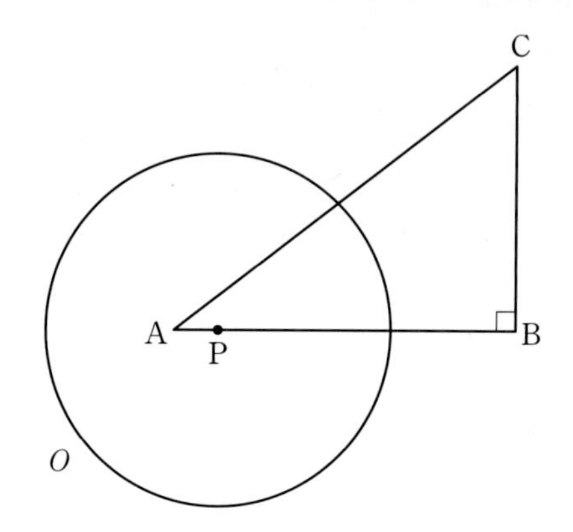

정답과 해설 33쪽

123 2022학년도 수능(홀) 12번

실수 전체의 집합에서 연속인 함수 $f(x)$가 모든 실수 x에 대하여

$$\{f(x)\}^3-\{f(x)\}^2-x^2f(x)+x^2=0$$

을 만족시킨다. 함수 $f(x)$의 최댓값이 1이고 최솟값이 0일 때, $f\left(-\frac{4}{3}\right)+f(0)+f\left(\frac{1}{2}\right)$의 값은? [4점]

① $\frac{1}{2}$ ② 1 ③ $\frac{3}{2}$
④ 2 ⑤ $\frac{5}{2}$

124 2010학년도 수능(홀) 가형 8번

실수 a에 대하여 집합

$$\{x\,|\,ax^2+2(a-2)x-(a-2)=0,\ x\text{는 실수}\}$$

의 원소의 개수를 $f(a)$라 할 때, 옳은 것만을 **보기**에서 있는 대로 고른 것은? [3점]

보기

ㄱ. $\lim_{a\to 0} f(a)=f(0)$

ㄴ. $\lim_{a\to c+} f(a)\neq \lim_{a\to c-} f(a)$인 실수 c는 2개이다.

ㄷ. 함수 $f(a)$가 불연속인 점은 3개이다.

① ㄴ ② ㄷ ③ ㄱ, ㄴ
④ ㄴ, ㄷ ⑤ ㄱ, ㄴ, ㄷ

125 2019학년도 수능(홀) 나형 21번

최고차항의 계수가 1인 삼차함수 $f(x)$에 대하여 실수 전체의 집합에서 연속인 함수 $g(x)$가 다음 조건을 만족시킨다.

(가) 모든 실수 x에 대하여 $f(x)g(x)=x(x+3)$이다.
(나) $g(0)=1$

$f(1)$이 자연수일 때, $g(2)$의 최솟값은? [4점]

① $\frac{5}{13}$ ② $\frac{5}{14}$ ③ $\frac{1}{3}$
④ $\frac{5}{16}$ ⑤ $\frac{5}{17}$

126 2024학년도 9월 평가원 15번

최고차항의 계수가 1인 삼차함수 $f(x)$에 대하여 함수 $g(x)$를

$$g(x)=\begin{cases} \dfrac{f(x+3)\{f(x)+1\}}{f(x)} & (f(x)\neq 0) \\ 3 & (f(x)=0) \end{cases}$$

이라 하자. $\lim_{x\to 3} g(x)=g(3)-1$일 때, $g(5)$의 값은? [4점]

① 14 ② 16 ③ 18
④ 20 ⑤ 22

> 정답과 해설 34쪽

127 2016년 4월 교육청 나형 30번

함수 $f(x)=x^2-8x+a$에 대하여 함수 $g(x)$를

$$g(x)=\begin{cases} 2x+5a & (x\geq a) \\ f(x+4) & (x<a) \end{cases}$$

라 할 때, 다음 조건을 만족시키는 모든 실수 a의 값의 곱을 구하시오. [4점]

> (가) 방정식 $f(x)=0$은 열린구간 $(0,\ 2)$에서 적어도 하나의 실근을 갖는다.
> (나) 함수 $f(x)g(x)$는 $x=a$에서 연속이다.

128 2022년 3월 교육청 12번

$a>2$인 상수 a에 대하여 함수 $f(x)$를

$$f(x)=\begin{cases} x^2-4x+3 & (x\leq 2) \\ -x^2+ax & (x>2) \end{cases}$$

라 하자. 최고차항의 계수가 1인 삼차함수 $g(x)$에 대하여 실수 전체의 집합에서 연속인 함수 $h(x)$가 다음 조건을 만족시킬 때, $h(1)+h(3)$의 값은? [4점]

> (가) $x\neq 1$, $x\neq a$일 때, $h(x)=\dfrac{g(x)}{f(x)}$이다.
> (나) $h(1)=h(a)$

① $-\dfrac{15}{6}$ ② $-\dfrac{7}{3}$ ③ $-\dfrac{13}{6}$
④ -2 ⑤ $-\dfrac{11}{6}$

03

미분계수와 도함수

개념 카드

실전 개념 1 평균변화율과 미분계수

> 유형 03 ~ 07, 10

(1) **평균변화율**: 함수 $y=f(x)$에서 x의 값이 a에서 b까지 변할 때의 평균변화율은

$$\frac{\Delta y}{\Delta x}=\frac{f(b)-f(a)}{b-a}=\frac{f(a+\Delta x)-f(a)}{\Delta x}$$

참고 함수 $y=f(x)$에서 x의 값이 a에서 b까지 변할 때의 평균변화율은 곡선 $y=f(x)$ 위의 두 점 $\mathrm{A}(a, f(a))$, $\mathrm{B}(b, f(b))$를 지나는 직선 AB의 기울기와 같다.

(2) **미분계수**: 함수 $y=f(x)$의 $x=a$에서의 순간변화율 또는 미분계수는

$$\lim_{\Delta x\to 0}\frac{\Delta y}{\Delta x}=\lim_{\Delta x\to 0}\frac{f(a+\Delta x)-f(a)}{\Delta x}=\lim_{x\to a}\frac{f(x)-f(a)}{x-a}$$

참고 함수 $y=f(x)$의 $x=a$에서의 미분계수 $f'(a)$는 곡선 $y=f(x)$ 위의 점 $(a, f(a))$에서의 접선의 기울기와 같다.

실전 개념 2 미분가능성과 연속성

> 유형 10, 11, 12

(1) 함수 $y=f(x)$에 대하여 $x=a$에서의 미분계수 $f'(a)$가 존재할 때, $x=a$에서 미분가능하다고 한다.

(2) 함수 $y=f(x)$가 $x=a$에서 미분가능하면 $f(x)$는 $x=a$에서 연속이다.

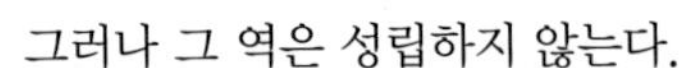
그러나 그 역은 성립하지 않는다.

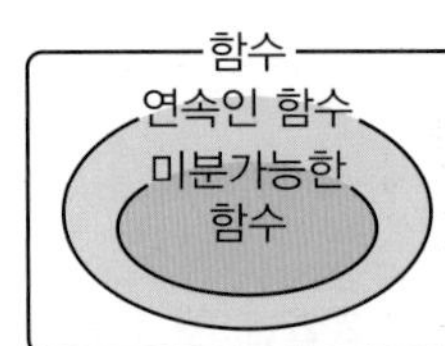

실전 개념 3 도함수

> 유형 01 ~ 13

(1) **도함수**: 함수 $y=f(x)$의 미분가능한 모든 x에 미분계수 $f'(x)$를 대응시키면 다음과 같은 새로운 함수를 얻는다.

$$f'(x)=\lim_{\Delta x\to 0}\frac{f(x+\Delta x)-f(x)}{\Delta x}=\lim_{h\to 0}\frac{f(x+h)-f(x)}{h}$$

이 함수를 함수 $y=f(x)$의 도함수라 하며, 이것을 기호로 $f'(x)$, y', $\dfrac{dy}{dx}$, $\dfrac{d}{dx}f(x)$와 같이 나타낸다.

(2) **함수 $y=x^n$과 상수함수의 도함수**

① $y=x^n$ (n은 양의 정수) → $y'=nx^{n-1}$

② $y=c$ (c는 상수) → $y'=0$

실전 개념 4 함수의 실수배, 합, 차, 곱의 미분법

> 유형 01 ~ 13

두 함수 $f(x)$, $g(x)$가 미분가능할 때

(1) $y=cf(x)$ (c는 상수) → $y'=cf'(x)$

(2) $y=f(x)+g(x)$ → $y'=f'(x)+g'(x)$

(3) $y=f(x)-g(x)$ → $y'=f'(x)-g'(x)$

(4) $y=f(x)g(x)$ → $y'=f'(x)g(x)+f(x)g'(x)$

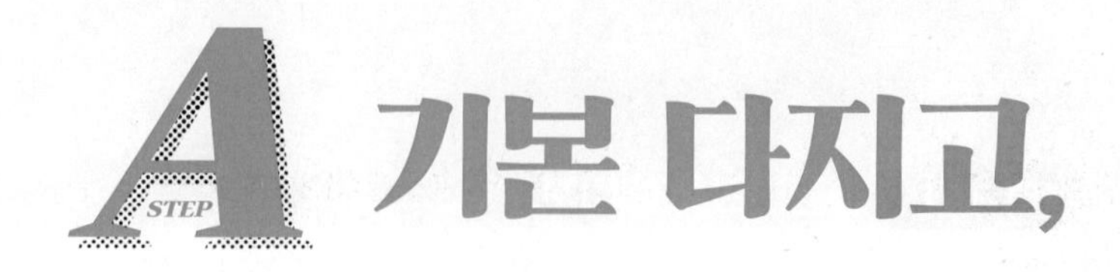

129 2021학년도 수능(홀) 나형 6번

함수 $f(x)=x^4+3x-2$에 대하여 $f'(2)$의 값은? [3점]

① 35 ② 37 ③ 39
④ 41 ⑤ 43

130 2022년 3월 교육청 2번

함수 $f(x)=x^3+2x^2+3x+4$에 대하여 $f'(-1)$의 값은? [2점]

① 1 ② 2 ③ 3
④ 4 ⑤ 5

131 2024학년도 수능(홀) 17번

함수 $f(x)=(x+1)(x^2+3)$에 대하여 $f'(1)$의 값을 구하시오. [3점]

132 2024년 5월 교육청 17번

함수 $f(x)=(x-1)(x^3+x^2+5)$에 대하여 $f'(1)$의 값을 구하시오. [3점]

133 2024학년도 9월 평가원 18번

함수 $f(x)=(x^2+1)(x^2+ax+3)$에 대하여 $f'(1)=32$일 때, 상수 a의 값을 구하시오. [3점]

134 2024학년도 수능(홀) 2번

함수 $f(x)=2x^3-5x^2+3$에 대하여 $\lim_{h\to0}\frac{f(2+h)-f(2)}{h}$의 값은? [2점]

① 1 ② 2 ③ 3
④ 4 ⑤ 5

> 정답과 해설 36쪽

135 2023년 10월 교육청 2번

함수 $f(x)=2x^3+3x$에 대하여 $\lim_{h\to 0}\frac{f(2h)-f(0)}{h}$의 값은? [2점]

① 0 ② 2 ③ 4
④ 6 ⑤ 8

136 2024년 3월 교육청 2번

함수 $f(x)=x^3-3x^2+x$에 대하여 $\lim_{h\to 0}\frac{f(3+h)-f(3)}{2h}$의 값은? [2점]

① 1 ② 3 ③ 5
④ 7 ⑤ 9

137 2023학년도 9월 평가원 2번

함수 $f(x)=2x^2+5$에 대하여 $\lim_{x\to 2}\frac{f(x)-f(2)}{x-2}$의 값은? [2점]

① 8 ② 9 ③ 10
④ 11 ⑤ 12

138 2024학년도 9월 평가원 2번

함수 $f(x)=2x^2-x$에 대하여 $\lim_{x\to 1}\frac{f(x)-1}{x-1}$의 값은? [2점]

① 1 ② 2 ③ 3
④ 4 ⑤ 5

139 2020년 10월 교육청 나형 4번

함수 $f(x)$에 대하여 $\lim_{x\to 2}\frac{f(x)-f(2)}{x-2}=3$일 때,

$\lim_{h\to 0}\frac{f(2+h)-f(2-h)}{h}$의 값은? [3점]

① 0 ② 2 ③ 4
④ 6 ⑤ 8

140 2011년 10월 교육청 나형 5번

함수 $f(x)=\begin{cases} x^3+ax+1 & (x\geq 1) \\ 2x^2+a & (x<1) \end{cases}$가 모든 실수 x에 대하여 미분가능하도록 하는 상수 a의 값은? [3점]

① -2 ② -1 ③ 0
④ 1 ⑤ 2

STEP B 유형 & 유사로 익히면…

유형 01 다항함수의 미분법

141 2021년 10월 교육청 16번

함수 $f(x)=2x^2+ax+3$에 대하여 $x=2$에서의 미분계수가 18일 때, 상수 a의 값을 구하시오. [3점]

142 2014학년도 9월 평가원 A형 23번

함수 $f(x)=7x^3-ax+3$에 대하여 $f'(1)=2$를 만족시키는 상수 a의 값을 구하시오. [3점]

143 2012년 3월 교육청 가형 19번

함수 $f(x)=x|x|+|x-1|^3$에 대하여 $f'(0)+f'(1)$의 값은? [4점]

① -3 ② -1 ③ 1
④ 3 ⑤ 5

144 2010년 7월 교육청 가형 8번

함수 $f(x)=\sum_{n=1}^{10}\frac{x^n}{n}$에 대하여 $f'\left(\frac{1}{2}\right)=\frac{q}{p}$일 때, $q-p$의 값은? (단, p와 q는 서로소인 자연수이다.) [3점]

① 508 ② 509 ③ 510
④ 511 ⑤ 512

> 정답과 해설 37쪽

유형 02 함수의 곱의 미분법

145 2023학년도 수능(홀) 4번

다항함수 $f(x)$에 대하여 함수 $g(x)$를

$$g(x)=x^2f(x)$$

라 하자. $f(2)=1$, $f'(2)=3$일 때, $g'(2)$의 값은? [3점]

① 12 ② 14 ③ 16 ④ 18 ⑤ 20

146 2023년 11월 교육청 12번 (고2)

다항함수 $f(x)$에 대하여 함수 $g(x)$를

$$g(x)=(x^2-2x)f(x)$$

라 하자. $g'(0)+g'(2)=16$일 때, $f(2)-f(0)$의 값은? [3점]

① 6 ② 8 ③ 10 ④ 12 ⑤ 14

147 2012년 7월 교육청 나형 12번

함수 $f(x)=(x-1)(x-2)(x-3)\cdots(x-10)$에 대하여 $\dfrac{f'(1)}{f'(4)}$의 값은? [4점]

① -80 ② -84 ③ -88 ④ -92 ⑤ -96

148 2024년 3월 교육청 8번

두 다항함수 $f(x)$, $g(x)$에 대하여

$$(x+1)f(x)+(1-x)g(x)=x^3+9x+1,\ f(0)=4$$

일 때, $f'(0)+g'(0)$의 값은? [3점]

① 1 ② 2 ③ 3 ④ 4 ⑤ 5

유형 03 평균변화율과 미분계수

149 2021년 11월 교육청 7번 (고2)

함수 $f(x)=x^3+x^2-2x$에서 x의 값이 0에서 k까지 변할 때의 평균변화율이 10일 때, 양수 k의 값은? [3점]

① 3 ② $\frac{7}{2}$ ③ 4 ④ $\frac{9}{2}$ ⑤ 5

150 2018년 9월 교육청 가형 10번 (고2)

함수 $f(x)=x(x+1)(x-2)$에서 x의 값이 -2에서 0까지 변할 때의 평균변화율과 x의 값이 0에서 a까지 변할 때의 평균변화율이 서로 같을 때, 양수 a의 값은? [3점]

① 1 ② 2 ③ 3 ④ 4 ⑤ 5

151 2016년 10월 교육청 나형 23번

함수 $f(x)=x^3+ax$에서 x의 값이 0에서 2까지 변할 때의 평균변화율이 9일 때, $f'(3)$의 값을 구하시오.

(단, a는 상수이다.) [3점]

152 2022년 11월 교육청 10번 (고2)

최고차항의 계수가 1인 이차함수 $f(x)$에서 x의 값이 0에서 6까지 변할 때의 평균변화율이 0일 때, $f'(4)$의 값은? [3점]

① 2 ② 4 ③ 6 ④ 8 ⑤ 10

153 2021학년도 6월 평가원 나형 26번

함수 $f(x)=x^3-3x^2+5x$에서 x의 값이 0에서 a까지 변할 때의 평균변화율이 $f'(2)$의 값과 같게 되도록 하는 양수 a의 값을 구하시오. [4점]

154 2022학년도 9월 평가원 19번

함수 $f(x)=x^3-6x^2+5x$에서 x의 값이 0에서 4까지 변할 때의 평균변화율과 $f'(a)$의 값이 같게 되도록 하는 $0<a<4$인 모든 실수 a의 값의 곱은 $\frac{q}{p}$이다. $p+q$의 값을 구하시오.

(단, p와 q는 서로소인 자연수이다.) [3점]

유형 04 평균변화율과 미분계수의 기하적 의미

155 2006학년도 9월 평가원 가형 7번

이차함수 $y=f(x)$의 그래프가 직선 $x=3$에 대하여 대칭일 때, **보기**에서 옳은 것을 모두 고른 것은? [3점]

보기

ㄱ. $y=f(x)$에서 x의 값이 -1에서 7까지 변할 때의 평균변화율은 0이다.

ㄴ. 두 실수 a, b에 대하여 $a+b=6$이면 $f'(a)+f'(b)=0$이다.

ㄷ. $\sum_{k=1}^{15} f'(k-3)=0$

① ㄱ ② ㄷ ③ ㄱ, ㄴ ④ ㄴ, ㄷ ⑤ ㄱ, ㄴ, ㄷ

156 2019년 10월 교육청 나형 12번

이차함수 $y=f(x)$의 그래프와 직선 $y=2$가 그림과 같다.

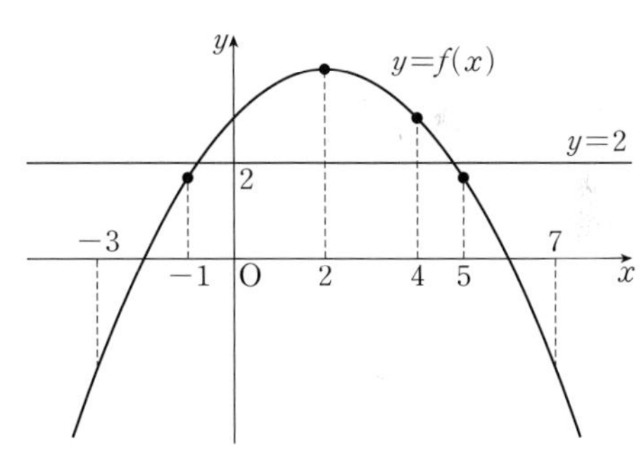

열린구간 $(-3, 7)$에서 부등식 $f'(x)\{f(x)-2\}\le 0$을 만족시키는 정수 x의 개수는? (단, $f'(2)=0$) [3점]

① 4 ② 5 ③ 6 ④ 7 ⑤ 8

유형 05 미분계수의 정의 (1); $x \to a$일 때

157 2013학년도 6월 평가원 나형 27번

다항함수 $f(x)$가 $\lim_{x \to 1} \frac{f(x)-5}{x-1}=9$를 만족시킨다.

$g(x)=xf(x)$라 할 때, $g'(1)$의 값을 구하시오. [4점]

158 2018년 9월 교육청 나형 26번 (고2)

다항함수 $f(x)$가

$$\lim_{x \to 1} \frac{f(x)-2}{x-1}=12$$

를 만족시킨다. $g(x)=(x^2+1)f(x)$라 할 때, $g'(1)$의 값을 구하시오. [4점]

159 2012학년도 6월 평가원 나형 11번

다항함수 $f(x)$에 대하여 $\lim_{x \to 1} \frac{f(x)-2}{x^2-1}=3$일 때, $\frac{f'(1)}{f(1)}$의 값은? [3점]

① 3 ② $\frac{7}{2}$ ③ 4 ④ $\frac{9}{2}$ ⑤ 5

160 2009학년도 수능(홀) 가형 18번

다항함수 $f(x)$에 대하여 $\lim_{x \to 2} \frac{f(x+1)-8}{x^2-4}=5$일 때,

$f(3)+f'(3)$의 값을 구하시오. [3점]

> 정답과 해설 40쪽

161 2005년 5월 교육청 가형 25번

미분가능한 함수 $f(x)$가 $f(1)=0$,

$\lim_{x\to 1}\frac{\{f(x)\}^2-2f(x)}{1-x}=10$을 만족시킬 때, $x=1$에서의 미분계수 $f'(1)$의 값을 구하시오. [4점]

162 2010학년도 6월 평가원 가형 6번

함수 $y=f(x)$의 그래프는 y축에 대하여 대칭이고,

$f'(2)=-3$, $f'(4)=6$일 때, $\lim_{x\to -2}\frac{f(x^2)-f(4)}{f(x)-f(-2)}$의 값은?

[3점]

① -8 ② -4 ③ 4
④ 8 ⑤ 12

163 2014학년도 수능 예시문항 B형 18번

$x>0$에서 함수 $f(x)$가 미분가능하고 $2x\le f(x)\le 3x$이다. $f(1)=2$이고 $f(2)=6$일 때, $f'(1)+f'(2)$의 값은? [4점]

① 8 ② 7 ③ 6
④ 5 ⑤ 4

164 2013학년도 6월 평가원 가형 16번

양의 실수 전체의 집합에서 증가하는 함수 $f(x)$가 $x=1$에서 미분가능하다. 1보다 큰 모든 실수 a에 대하여 점 $(1,\ f(1))$과 점 $(a,\ f(a))$ 사이의 거리가 a^2-1일 때, $f'(1)$의 값은?

[4점]

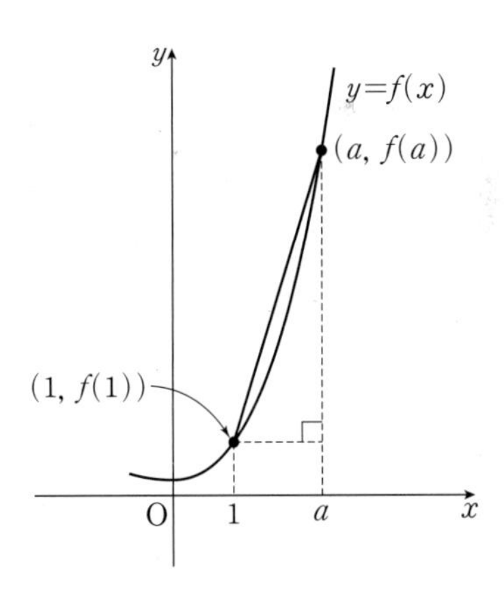

① 1 ② $\frac{\sqrt{5}}{2}$ ③ $\frac{\sqrt{6}}{2}$
④ $\sqrt{2}$ ⑤ $\sqrt{3}$

165 2008학년도 9월 평가원 가형 22번

두 다항함수 $f(x)$, $g(x)$가 다음 조건을 만족시킬 때, $g'(0)$의 값을 구하시오. [4점]

(가) $f(0)=1$, $f'(0)=-6$, $g(0)=4$

(나) $\lim_{x \to 0} \frac{f(x)g(x)-4}{x}=0$

166 2020년 10월 교육청 나형 17번

$f(1)=-2$인 다항함수 $f(x)$에 대하여 일차함수 $g(x)$가 다음 조건을 만족시킨다.

(가) $\lim_{x \to 1} \frac{f(x)g(x)+4}{x-1}=8$

(나) $g(0)=g'(0)$

$f'(1)$의 값은? [4점]

① 5 ② 6 ③ 7 ④ 8 ⑤ 9

167 2021학년도 수능(홀) 나형 17번

두 다항함수 $f(x)$, $g(x)$가

$$\lim_{x \to 0} \frac{f(x)+g(x)}{x}=3,\ \lim_{x \to 0} \frac{f(x)+3}{xg(x)}=2$$

를 만족시킨다. 함수 $h(x)=f(x)g(x)$에 대하여 $h'(0)$의 값은? [4점]

① 27 ② 30 ③ 33 ④ 36 ⑤ 39

168 2021년 11월 교육청 15번 (고2)

두 다항함수 $f(x)$, $g(x)$가

$$\lim_{x \to 1} \frac{f(x)-a+2}{x-1}=4,\ \lim_{x \to 1} \frac{g(x)+a-2}{x-1}=a$$

를 만족시킨다. 함수 $f(x)g(x)$의 $x=1$에서의 미분계수가 -1일 때, 상수 a의 값은? [4점]

① 1 ② 2 ③ 3 ④ 4 ⑤ 5

169 2022년 11월 교육청 17번 (고2)

다항함수 $f(x)$에 대하여 함수 $g(x)$를

$$g(x)=(x^2-2x+2)f(x)$$

라 하자. $\lim_{x\to 2}\frac{g(x)-1}{2f(x)-1}=-2$일 때, $g'(2)$의 값은? [4점]

① $\frac{1}{3}$ ② $\frac{2}{3}$ ③ 1
④ $\frac{4}{3}$ ⑤ $\frac{5}{3}$

170 2021년 3월 교육청 12번

두 다항함수 $f(x)$, $g(x)$가 다음 조건을 만족시킨다.

> (가) $\lim_{x\to 1}\frac{f(x)-g(x)}{x-1}=5$
> (나) $\lim_{x\to 1}\frac{f(x)+g(x)-2f(1)}{x-1}=7$

두 실수 a, b에 대하여 $\lim_{x\to 1}\frac{f(x)-a}{x-1}=b\times g(1)$일 때, ab의 값은? [4점]

① 4 ② 5 ③ 6
④ 7 ⑤ 8

유형 06 미분계수의 정의 (2): 치환을 이용하는 경우

171 2015학년도 경찰대학 6번

함수 $f(n)$이 $f(n)=\lim_{x\to 1}\frac{x^n+3x-4}{x-1}$일 때, $\sum_{n=1}^{10}f(n)$의 값은?

[4점]

① 65 ② 70 ③ 75
④ 80 ⑤ 85

172 2013학년도 사관학교 문과 4번

$\lim_{x\to 0}\frac{2\left(\frac{1}{2}+x\right)^4-2\left(\frac{1}{2}\right)^4}{x}$의 값은? [3점]

① $\frac{1}{2}$ ② $\frac{2}{3}$ ③ $\frac{3}{4}$
④ 1 ⑤ $\frac{3}{2}$

유형 07 미분계수의 정의 (3): $h \to 0$일 때

173 2020년 4월 교육청 나형 10번

다항함수 $f(x)$가

$$\lim_{h \to 0} \frac{f(3+h)-4}{2h}=1$$

을 만족시킬 때, $f(3)+f'(3)$의 값은? [3점]

① 6　② 7　③ 8　④ 9　⑤ 10

174 2014년 10월 교육청 A형 5번

다항함수 $f(x)$가 $\lim_{h \to 0} \frac{f(1+h)-3}{h}=\frac{3}{2}$을 만족시킬 때, $f'(1)+f(1)$의 값은? [3점]

① $\frac{7}{2}$　② $\frac{15}{4}$　③ 4　④ $\frac{17}{4}$　⑤ $\frac{9}{2}$

175 2020년 3월 교육청 나형 9번

함수 $f(x)=x^3-2x^2+ax+1$에 대하여

$\lim_{h \to 0} \frac{f(2+h)-f(2)}{h}=9$일 때, 상수 a의 값은? [3점]

① 1　② 3　③ 5　④ 7　⑤ 9

176 2009년 7월 교육청 가형 4번

함수 $f(x)=x^2-6x+5$에 대하여

$\lim_{h \to 0} \frac{f(a+h)-f(a-h)}{h}=8$을 만족하는 상수 a의 값은?

[3점]

① 5　② 6　③ 7　④ 8　⑤ 9

> 정답과 해설 44쪽

177 2022년 11월 교육청 11번 (고2)

다항함수 $f(x)$에 대하여 $\lim_{h \to 0} \frac{f(1+h)-f(1-h)}{h}=6$일 때, $\lim_{x \to 1} \frac{f(x^3)-f(1)}{x-1}$의 값은? [3점]

① 9 ② 11 ③ 13
④ 15 ⑤ 17

178 2012년 7월 교육청 가형 24번

다항함수 $f(x)$에 대하여 $\lim_{x \to 1} \frac{f(x)-f(1)}{x^2-1}=-1$일 때, $\lim_{h \to 0} \frac{f(1-2h)-f(1+5h)}{h}$의 값을 구하시오. [3점]

179 2023년 4월 교육청 5번

0이 아닌 모든 실수 h에 대하여 다항함수 $f(x)$에서 x의 값이 1에서 $1+h$까지 변할 때의 평균변화율이 h^2+2h+3일 때, $f'(1)$의 값은? [3점]

① 1 ② $\frac{3}{2}$ ③ 2
④ $\frac{5}{2}$ ⑤ 3

180 2022년 3월 교육청 6번

함수 $f(x)=2x^2-3x+5$에서 x의 값이 a에서 $a+1$까지 변할 때의 평균변화율이 7이다. $\lim_{h \to 0} \frac{f(a+2h)-f(a)}{h}$의 값은? (단, a는 상수이다.) [3점]

① 6 ② 8 ③ 10
④ 12 ⑤ 14

유형 08 미분의 항등식에의 활용

181 2019학년도 6월 평가원 나형 17번

함수 $f(x)=ax^2+b$가 모든 실수 x에 대하여

$$4f(x)=\{f'(x)\}^2+x^2+4$$

를 만족시킨다. $f(2)$의 값은? (단, a, b는 상수이다.) [4점]

① 3 ② 4 ③ 5
④ 6 ⑤ 7

182 2019년 11월 교육청 나형 26번 (고2)

최고차항의 계수가 1인 이차함수 $f(x)$가 모든 실수 x에 대하여

$$2f(x)=(x+1)f'(x)$$

를 만족시킬 때, $f(3)$의 값을 구하시오. [4점]

183 2011년 7월 교육청 나형 25번

최고차항의 계수가 1인 다항함수 $f(x)$가

$$f(x)f'(x)=2x^3-9x^2+5x+6$$

을 만족할 때, $f(-3)$의 값을 구하시오. [3점]

184 2022년 10월 교육청 9번

최고차항의 계수가 1인 다항함수 $f(x)$가 모든 실수 x에 대하여

$$xf'(x)-3f(x)=2x^2-8x$$

를 만족시킬 때, $f(1)$의 값은? [4점]

① 1 ② 2 ③ 3
④ 4 ⑤ 5

정답과 해설 45쪽

유형 09 미분을 이용하여 함수의 식 구하기

185 2022년 4월 교육청 7번

$f(3)=2$, $f'(3)=1$인 다항함수 $f(x)$와 최고차항의 계수가 1인 이차함수 $g(x)$가

$$\lim_{x\to3}\frac{f(x)-g(x)}{x-3}=1$$

을 만족시킬 때, $g(1)$의 값은? [3점]

① 3 ② 4 ③ 5 ④ 6 ⑤ 7

186 2022학년도 9월 평가원 8번

삼차함수 $f(x)$가

$$\lim_{x\to0}\frac{f(x)}{x}=\lim_{x\to1}\frac{f(x)}{x-1}=1$$

을 만족시킬 때, $f(2)$의 값은? [3점]

① 4 ② 6 ③ 8 ④ 10 ⑤ 12

187 2020년 3월 교육청 나형 13번

최고차항의 계수가 1인 이차함수 $y=f(x)$의 그래프가 x축에 접한다. 함수 $g(x)=(x-3)f'(x)$에 대하여 곡선 $y=g(x)$가 y축에 대하여 대칭일 때, $f(0)$의 값은? [3점]

① 1 ② 4 ③ 9 ④ 16 ⑤ 25

188 2017년 9월 교육청 가형 19번 (고2)

최고차항의 계수가 1인 두 다항함수 $f(x)$, $g(x)$가 모든 실수 x에 대하여

$$f(-x)=-f(x),\ g(-x)=-g(x)$$

를 만족시킨다. 두 함수 $f(x)$, $g(x)$에 대하여

$$\lim_{x\to\infty}\frac{f'(x)}{x^2g'(x)}=3,\ \lim_{x\to0}\frac{f(x)g(x)}{x^2}=-1$$

일 때, $f(2)+g(3)$의 값은? [4점]

① 8 ② 9 ③ 10 ④ 11 ⑤ 12

189 2013년 10월 교육청 A형 26번

최고차항의 계수가 1인 삼차함수 $f(x)$와 실수 a가 다음 조건을 만족시킬 때, $f'(a)$의 값을 구하시오. [4점]

> (가) $f(a)=f(2)=f(6)$
> (나) $f'(2)=-4$

190 2022학년도 수능 예시문항 11번

최고차항의 계수가 1인 삼차함수 $f(x)$가 다음 조건을 만족시킨다.

> 방정식 $f(x)=9$는 서로 다른 세 실근을 갖고, 이 세 실근은 크기 순서대로 등비수열을 이룬다.

$f(0)=1$, $f'(2)=-2$일 때, $f(3)$의 값은? [4점]

① 6　　② 7　　③ 8　　④ 9　　⑤ 10

191 2021년 11월 교육청 28번 (고2)

삼차함수 $f(x)$가 다음 조건을 만족시킨다.

> (가) $\lim_{x \to 1} \frac{f(x)}{x-1}=3$
> (나) 1이 아닌 상수 a에 대하여 $\lim_{x \to 2} \frac{f(x)}{(x-2)f'(x)}=a$이다.

$a \times f(4)$의 값을 구하시오. [4점]

192 2018학년도 수능(홀) 나형 18번

최고차항의 계수가 1이고 $f(1)=0$인 삼차함수 $f(x)$가

$$\lim_{x \to 2} \frac{f(x)}{(x-2)\{f'(x)\}^2}=\frac{1}{4}$$

을 만족시킬 때, $f(3)$의 값은? [4점]

① 4　　② 6　　③ 8　　④ 10　　⑤ 12

> 정답과 해설 47쪽

유형 10 미분계수의 정의 (4)

193 2008학년도 6월 평가원 가형 9번

함수 $f(x)$에 대하여 **보기**에서 항상 옳은 것을 모두 고른 것은? [3점]

보기

ㄱ. $\lim_{h\to 0}\frac{f(1+h)-f(1)}{h}=0$이면 $\lim_{x\to 1}f(x)=f(1)$이다.

ㄴ. $\lim_{h\to 0}\frac{f(1+h)-f(1)}{h}=0$이면 $\lim_{h\to 0}\frac{f(1+h)-f(1-h)}{2h}=0$이다.

ㄷ. $f(x)=|x-1|$일 때, $\lim_{h\to 0}\frac{f(1+h)-f(1-h)}{2h}=0$이다.

① ㄱ ② ㄷ ③ ㄱ, ㄴ
④ ㄴ, ㄷ ⑤ ㄱ, ㄴ, ㄷ

194 2013학년도 사관학교 문과/이과 18번

모든 실수 x에서 정의된 함수 $f(x)$가 $x=a$에서 미분가능하기 위한 필요충분조건인 것만을 **보기**에서 있는 대로 고른 것은? [4점]

보기

ㄱ. $\lim_{h\to 0}\frac{f(a+h^2)-f(a)}{h^2}$의 값이 존재한다.

ㄴ. $\lim_{h\to 0}\frac{f(a+h^3)-f(a)}{h^3}$의 값이 존재한다.

ㄷ. $\lim_{h\to 0}\frac{f(a+h)-f(a-h)}{2h}$의 값이 존재한다.

① ㄱ ② ㄴ ③ ㄷ
④ ㄱ, ㄷ ⑤ ㄴ, ㄷ

유형 11 미분가능성과 연속성

195 2023년 7월 교육청 5번

함수

$$f(x)=\begin{cases} 3x+a & (x\le 1) \\ 2x^3+bx+1 & (x>1) \end{cases}$$

이 $x=1$에서 미분가능할 때, $a+b$의 값은?

(단, a, b는 상수이다.) [3점]

① -8 ② -6 ③ -4
④ -2 ⑤ 0

196 2023년 11월 교육청 6번 (고2)

함수

$$f(x)=\begin{cases} ax^2+bx+1 & (x<1) \\ -3bx-1 & (x\ge 1) \end{cases}$$

이 실수 전체의 집합에서 미분가능할 때, $a+b$의 값은?

(단, a, b는 상수이다.) [3점]

① -3 ② -1 ③ 1
④ 3 ⑤ 5

197 2018년 9월 교육청 나형 19번 (고2)

함수 $f(x)=\frac{1}{2}x^2$에 대하여 실수 전체의 집합에서 정의된 함수 $g(x)$를

$$g(x)=\begin{cases} f(x) & (f(x)\le x) \\ x & (f(x)>x) \end{cases}$$

라 할 때, **보기**에서 옳은 것만을 있는 대로 고른 것은? [4점]

보기

ㄱ. $g(1)=\frac{1}{2}$
ㄴ. 모든 실수 x에 대하여 $g(x)\le x$이다.
ㄷ. 실수 전체의 집합에서 함수 $g(x)$가 미분가능하지 않은 점의 개수는 2이다.

① ㄱ ② ㄷ ③ ㄱ, ㄴ
④ ㄴ, ㄷ ⑤ ㄱ, ㄴ, ㄷ

198 2013학년도 6월 평가원 가형 21번

함수 $f(x)=x^3-3x^2-9x-1$과 실수 m에 대하여 함수 $g(x)$를

$$g(x)=\begin{cases} f(x) & (f(x)\ge mx) \\ mx & (f(x)<mx) \end{cases}$$

라 하자. $g(x)$가 실수 전체의 집합에서 미분가능할 때, m의 값은? [4점]

① -14 ② -12 ③ -10
④ -8 ⑤ -6

> 정답과 해설 49쪽

199 2015년 3월 교육청 B형 28번

삼차함수 $f(x)=x^3-x^2-9x+1$에 대하여 함수 $g(x)$를

$$g(x)=\begin{cases} f(x) & (x \geq k) \\ f(2k-x) & (x<k) \end{cases}$$

라 하자. 함수 $g(x)$가 실수 전체의 집합에서 미분가능하도록 하는 모든 실수 k의 값의 합을 $\frac{q}{p}$라 할 때, p^2+q^2의 값을 구하시오. (단, p와 q는 서로소인 자연수이다.) [4점]

200 2010년 10월 교육청 가형 7번

삼차식 $f(x)$에 대하여 함수 $g(x)$를

$$g(x)=\begin{cases} 3 & (x<-1) \\ f(x) & (-1 \leq x \leq 1) \\ -1 & (x>1) \end{cases}$$

로 정의하자. 함수 $g(x)$가 모든 실수에서 미분가능할 때, 옳은 것만을 **보기**에서 있는 대로 고른 것은? [4점]

보기

ㄱ. $g'(-1)=g'(1)$

ㄴ. 모든 실수 x에 대하여 $g'(x) \leq 0$

ㄷ. 함수 $g'(x)$의 최솟값은 -2이다.

① ㄱ　② ㄱ, ㄴ　③ ㄱ, ㄷ　④ ㄴ, ㄷ　⑤ ㄱ, ㄴ, ㄷ

03

유형 12 함수의 곱의 미분가능성

201 2021년 10월 교육청 7번

두 함수 $f(x)=|x+3|$, $g(x)=2x+a$에 대하여 함수 $f(x)g(x)$가 실수 전체의 집합에서 미분가능할 때, 상수 a의 값은? [3점]

① 2 ② 4 ③ 6
④ 8 ⑤ 10

→ **202** 2018년 11월 교육청 나형 29번 (고2)

최고차항의 계수가 1인 삼차함수 $f(x)$와 함수

$$g(x)=\begin{cases} \dfrac{1}{x-4} & (x\neq 4) \\ 2 & (x=4) \end{cases}$$

에 대하여 $h(x)=f(x)g(x)$라 할 때, 함수 $h(x)$는 실수 전체의 집합에서 미분가능하고 $h'(4)=6$이다. $f(0)$의 값을 구하시오. [4점]

> 정답과 해설 53쪽

203 2007학년도 수능(홀) 가형 7번

함수 $f(x)$가

$$f(x)=\begin{cases} 1-x & (x<0) \\ x^2-1 & (0\le x<1) \\ \frac{2}{3}(x^3-1) & (x\ge 1) \end{cases}$$

일 때, **보기**에서 옳은 것을 모두 고른 것은? [3점]

보기

ㄱ. $f(x)$는 $x=1$에서 미분가능하다.

ㄴ. $|f(x)|$는 $x=0$에서 미분가능하다.

ㄷ. $x^k f(x)$가 $x=0$에서 미분가능하도록 하는 최소의 자연수 k는 2이다.

① ㄱ　② ㄴ　③ ㄱ, ㄷ　④ ㄴ, ㄷ　⑤ ㄱ, ㄴ, ㄷ

204 2020학년도 수능(홀) 나형 20번

함수

$$f(x)=\begin{cases} -x & (x\le 0) \\ x-1 & (0<x\le 2) \\ 2x-3 & (x>2) \end{cases}$$

와 상수가 아닌 다항식 $p(x)$에 대하여 **보기**에서 옳은 것만을 있는 대로 고른 것은? [4점]

보기

ㄱ. 함수 $p(x)f(x)$가 실수 전체의 집합에서 연속이면 $p(0)=0$이다.

ㄴ. 함수 $p(x)f(x)$가 실수 전체의 집합에서 미분가능하면 $p(2)=0$이다.

ㄷ. 함수 $p(x)\{f(x)\}^2$이 실수 전체의 집합에서 미분가능하면 $p(x)$는 $x^2(x-2)^2$으로 나누어떨어진다.

① ㄱ　② ㄱ, ㄴ　③ ㄱ, ㄷ　④ ㄴ, ㄷ　⑤ ㄱ, ㄴ, ㄷ

유형 13 미분가능한 함수의 활용

205 2014학년도 수능 예시문항 A형 21번

좌표평면 위에 그림과 같이 어두운 부분을 내부로 하는 도형이 있다. 이 도형과 네 점 $(0, 0)$, $(t, 0)$, (t, t), $(0, t)$를 꼭짓점으로 하는 정사각형이 겹치는 부분의 넓이를 $f(t)$라 하자.

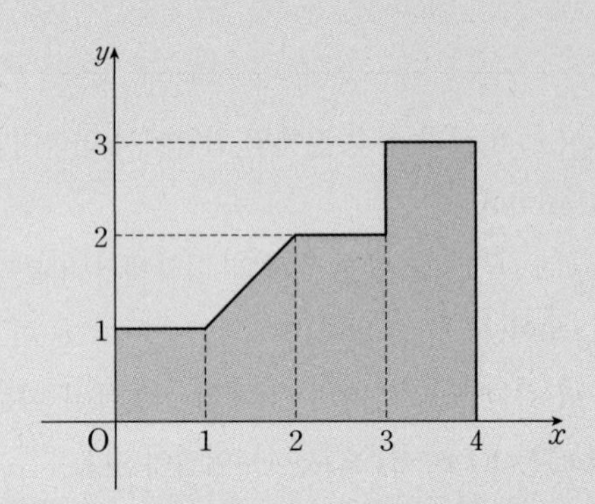

열린구간 $(0, 4)$에서 함수 $f(t)$가 미분가능하지 않은 모든 t의 값의 합은? [4점]

① 2　　② 3　　③ 4　　④ 5　　⑤ 6

206 2017학년도 6월 평가원 나형 29번

함수 $f(x)$는

$$f(x)=\begin{cases} x+1 & (x<1) \\ -2x+4 & (x\geq 1) \end{cases}$$

이고, 좌표평면 위에 두 점 $\mathrm{A}(-1,\ -1)$, $\mathrm{B}(1,\ 2)$가 있다. 실수 x에 대하여 점 $(x,\ f(x))$에서 점 A까지의 거리의 제곱과 점 B까지의 거리의 제곱 중 크지 않은 값을 $g(x)$라 하자. 함수 $g(x)$가 $x=a$에서 미분가능하지 않은 모든 a의 값의 합이 p일 때, $80p$의 값을 구하시오. [4점]

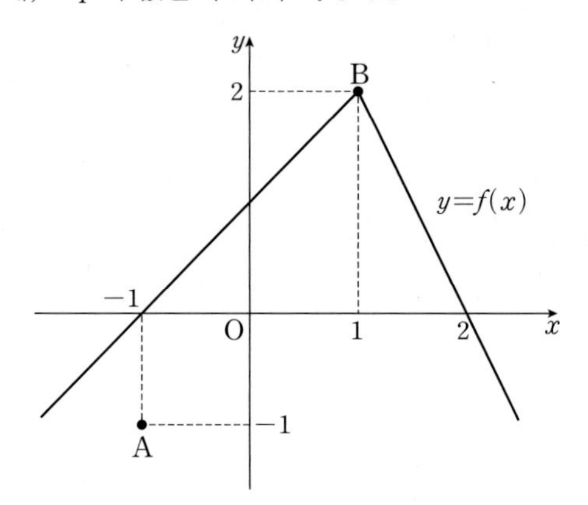

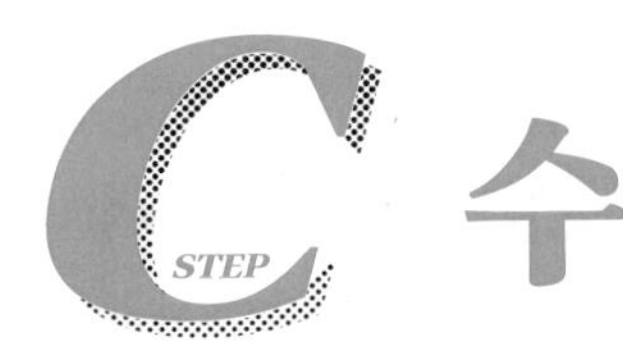

수능 완성!

정답과 해설 56쪽

207 2007학년도 6월 평가원 가형 23번

다항함수 $f(x)$는 모든 실수 x, y에 대하여

$$f(x+y)=f(x)+f(y)+2xy-1$$

을 만족시킨다.

$$\lim_{x\to1}\frac{f(x)-f'(x)}{x^2-1}=14$$

일 때, $f'(0)$의 값을 구하시오. [4점]

208 2022년 11월 교육청 29번 (고2)

두 자연수 a, b에 대하여 두 함수 $f(x)$, $g(x)$를

$$f(x)=\begin{cases} x+5 & (x<5) \\ |2x-a| & (x\ge5) \end{cases},$$

$$g(x)=(x-5)(x-b)$$

라 하자. 함수 $f(x)g(x)$가 실수 전체의 집합에서 미분가능하도록 하는 a, b의 모든 순서쌍 (a, b)의 개수를 구하시오.

[4점]

209 2025학년도 수능(홀) 15번

상수 a $(a\neq3\sqrt{5})$와 최고차항의 계수가 음수인 이차함수 $f(x)$에 대하여 함수

$$g(x)=\begin{cases}x^3+ax^2+15x+7 & (x\leq0)\\ f(x) & (x>0)\end{cases}$$

이 다음 조건을 만족시킨다.

> (가) 함수 $g(x)$는 실수 전체의 집합에서 미분가능하다.
> (나) x에 대한 방정식 $g'(x)\times g'(x-4)=0$의 서로 다른 실근의 개수는 4이다.

$g(-2)+g(2)$의 값은? [4점]

① 30 ② 32 ③ 34
④ 36 ⑤ 38

210 2021학년도 수능(홀) 나형 30번

함수 $f(x)$는 최고차항의 계수가 1인 삼차함수이고, 함수 $g(x)$는 일차함수이다. 함수 $h(x)$를

$$h(x)=\begin{cases}|f(x)-g(x)| & (x<1)\\ f(x)+g(x) & (x\geq1)\end{cases}$$

이라 하자. 함수 $h(x)$가 실수 전체의 집합에서 미분가능하고, $h(0)=0$, $h(2)=5$일 때, $h(4)$의 값을 구하시오. [4점]

211 2022년 4월 교육청 14번

정수 k와 함수

$$f(x)=\begin{cases} x+1 & (x<0) \\ x-1 & (0\le x<1) \\ 0 & (1\le x\le 3) \\ -x+4 & (x>3) \end{cases}$$

에 대하여 함수 $g(x)$를 $g(x)=|f(x-k)|$라 할 때, **보기**에서 옳은 것만을 있는 대로 고른 것은? [4점]

보기

ㄱ. $k=-3$일 때, $\lim_{x\to 0-} g(x)=g(0)$이다.

ㄴ. 함수 $f(x)+g(x)$가 $x=0$에서 연속이 되도록 하는 정수 k가 존재한다.

ㄷ. 함수 $f(x)g(x)$가 $x=0$에서 미분가능하도록 하는 모든 정수 k의 값의 합은 -5이다.

① ㄱ ② ㄷ ③ ㄱ, ㄴ
④ ㄱ, ㄷ ⑤ ㄱ, ㄴ, ㄷ

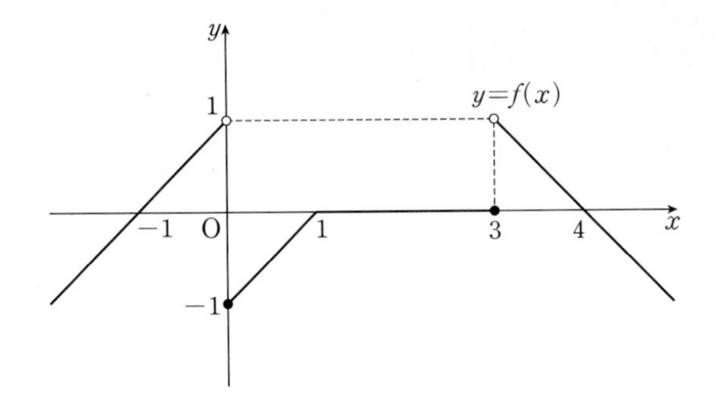

212 2017년 10월 교육청 나형 30번

함수 $f(x)=|3x-9|$에 대하여 함수 $g(x)$는

$$g(x)=\begin{cases} \frac{3}{2}f(x+k) & (x<0) \\ f(x) & (x\ge 0) \end{cases}$$

이다. 최고차항의 계수가 1인 삼차함수 $h(x)$가 다음 조건을 만족시킬 때, 모든 $h(k)$의 값의 합을 구하시오. (단, $k>0$)

[4점]

(가) 함수 $g(x)h(x)$는 실수 전체의 집합에서 미분가능하다.
(나) $h'(3)=15$

04

도함수의 활용 (1)

개념 카드

실전 개념 1 접선의 방정식

> 유형 01 ~ 06, 08, 10

(1) 곡선 $y=f(x)$ 위의 점 $(a, f(a))$에서의 접선의 방정식

(i) 접선의 기울기 $f'(a)$를 구한다.

(ii) $y-f(a)=f'(a)(x-a)$를 이용하여 접선의 방정식을 구한다.

(2) 곡선 $y=f(x)$에 접하고 기울기가 m인 접선의 방정식

(i) 접점의 좌표를 $(t,\ f(t))$로 놓는다.

(ii) $f'(t)=m$임을 이용하여 t의 값을 구한다.

(iii) $y-f(t)=m(x-t)$를 이용하여 접선의 방정식을 구한다.

(3) 곡선 $y=f(x)$ 밖의 한 점 (x_1, y_1)에서 곡선에 그은 접선의 방정식

(i) 접점의 좌표를 $(t,\ f(t))$로 놓고, 접선의 방정식을 $y-f(t)=f'(t)(x-t)$라 한다.

(ii) 위의 직선이 점 (x_1, y_1)을 지남을 이용하여 t의 값을 구한다.

(iii) t의 값을 $y-f(t)=f'(t)(x-t)$에 대입하여 접선의 방정식을 구한다.

실전 개념 2 평균값 정리

> 유형 07

(1) 롤의 정리

함수 $f(x)$가 닫힌구간 $[a, b]$에서 연속이고 열린구간 (a, b)에서 미분가능할 때, $f(a)=f(b)$이면 $f'(c)=0$인 c가 a와 b 사이에 적어도 하나 존재한다.

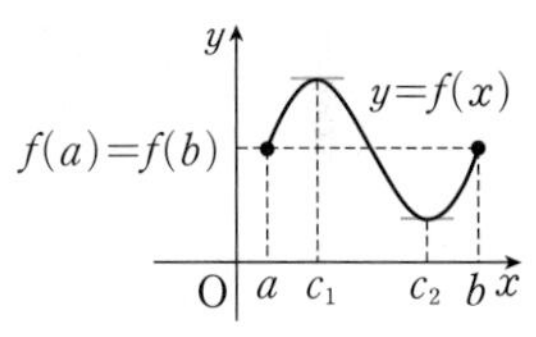

(2) 평균값 정리

함수 $f(x)$가 닫힌구간 $[a, b]$에서 연속이고 열린구간 (a, b)에서 미분가능할 때, $\dfrac{f(a)-f(b)}{b-a}=f'(c)$인 c가 a와 b 사이에 적어도 하나 존재한다.

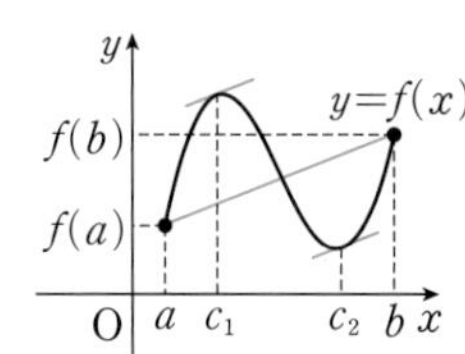

실전 개념 3 함수의 증가·감소

> 유형 09, 10

(1) 함수의 증가와 감소

함수 $f(x)$가 어떤 구간에 속하는 임의의 두 수 x_1, x_2에 대하여

① $x_1<x_2$일 때, $f(x_1)<f(x_2)$이면 함수 $f(x)$는 이 구간에서 증가한다고 한다.

② $x_1<x_2$일 때, $f(x_1)>f(x_2)$이면 함수 $f(x)$는 이 구간에서 감소한다고 한다.

(2) 함수의 증가와 감소의 판정

함수 $f(x)$가 어떤 열린구간에서 미분가능하고, 이 구간의 모든 x에 대하여

① $f'(x)>0$이면 $f(x)$는 이 구간에서 증가한다.

② $f'(x)<0$이면 $f(x)$는 이 구간에서 감소한다.

STEP B 유형 & 유사로 익히면…

유형 01 접선의 방정식 (1); 곡선 위의 점이 주어진 경우

213 2012학년도 수능(홀) 나형 26번

곡선 $y=-x^3+4x$ 위의 점 $(1,\ 3)$에서의 접선의 방정식이 $y=ax+b$이다. $10a+b$의 값을 구하시오.

(단, a, b는 상수이다.) [4점]

214 2021학년도 6월 평가원 나형 24번

곡선 $y=x^3-6x^2+6$ 위의 점 $(1,\ 1)$에서의 접선이 점 $(0,\ a)$를 지날 때, a의 값을 구하시오. [3점]

215 2012학년도 6월 평가원 나형 27번

곡선 $y=x^3-x^2+a$ 위의 점 $(1,\ a)$에서의 접선이 점 $(0,\ 12)$를 지날 때, 상수 a의 값을 구하시오. [4점]

216 2022년 10월 교육청 6번

함수 $f(x)=x^3-2x^2+2x+a$에 대하여 곡선 $y=f(x)$ 위의 점 $(1,\ f(1))$에서의 접선이 x축, y축과 만나는 점을 각각 P, Q라 하자. $\overline{\mathrm{PQ}}=6$일 때, 양수 a의 값은? [3점]

① $2\sqrt{2}$　② $\frac{5\sqrt{2}}{2}$　③ $3\sqrt{2}$　④ $\frac{7\sqrt{2}}{2}$　⑤ $4\sqrt{2}$

> 정답과 해설 61쪽

217 2014학년도 6월 평가원 A형 26번

다항함수 $f(x)$에 대하여 곡선 $y=f(x)$ 위의 점 $(2, 1)$에서의 접선의 기울기가 2이다. $g(x)=x^3f(x)$일 때, $g'(2)$의 값을 구하시오. [4점]

218 2023년 10월 교육청 17번

삼차함수 $f(x)$에 대하여 함수 $g(x)$를

$$g(x)=(x+2)f(x)$$

라 하자. 곡선 $y=f(x)$ 위의 점 $(3, 2)$에서의 접선의 기울기가 4일 때, $g'(3)$의 값을 구하시오. [3점]

219 2018년 7월 교육청 나형 27번

최고차항의 계수가 1이고 $f(0)=2$인 삼차함수 $f(x)$가

$$\lim_{x \to 1} \frac{f(x)-x^2}{x-1}=-2$$

를 만족시킨다. 곡선 $y=f(x)$ 위의 점 $(3, f(3))$에서의 접선의 기울기를 구하시오. [4점]

220 2025학년도 6월 평가원 11번

최고차항의 계수가 1이고 $f(0)=0$인 삼차함수 $f(x)$가

$$\lim_{x \to a} \frac{f(x)-1}{x-a}=3$$

을 만족시킨다. 곡선 $y=f(x)$ 위의 점 $(a, f(a))$에서의 접선의 y절편이 4일 때, $f(1)$의 값은? (단, a는 상수이다.) [4점]

① -1 ② -2 ③ -3 ④ -4 ⑤ -5

221 2023년 4월 교육청 7번

다항함수 $f(x)$에 대하여 곡선 $y=f(x)$ 위의 점 $(0,\ f(0))$에서의 접선의 방정식이 $y=3x-1$이다. 함수 $g(x)=(x+2)f(x)$에 대하여 $g'(0)$의 값은? [3점]

① 5 ② 6 ③ 7
④ 8 ⑤ 9

222 2016학년도 수능(홀) A형 28번

두 다항함수 $f(x)$, $g(x)$가 다음 조건을 만족시킨다.

(가) $g(x)=x^3f(x)-7$
(나) $\lim_{x\to2}\frac{f(x)-g(x)}{x-2}=2$

곡선 $y=g(x)$ 위의 점 $(2,\ g(2))$에서의 접선의 방정식이 $y=ax+b$일 때, a^2+b^2의 값을 구하시오.

(단, a, b는 상수이다.) [4점]

> 정답과 해설 62쪽

223 2024년 3월 교육청 19번

실수 a에 대하여 함수 $f(x)=x^3-\frac{5}{2}x^2+ax+2$이다. 곡선 $y=f(x)$ 위의 두 점 $\mathrm{A}(0,\ 2)$, $\mathrm{B}(2,\ f(2))$에서의 접선을 각각 l, m이라 하자. 두 직선 l, m이 만나는 점이 x축 위에 있을 때, $60\times|f(2)|$의 값을 구하시오. [3점]

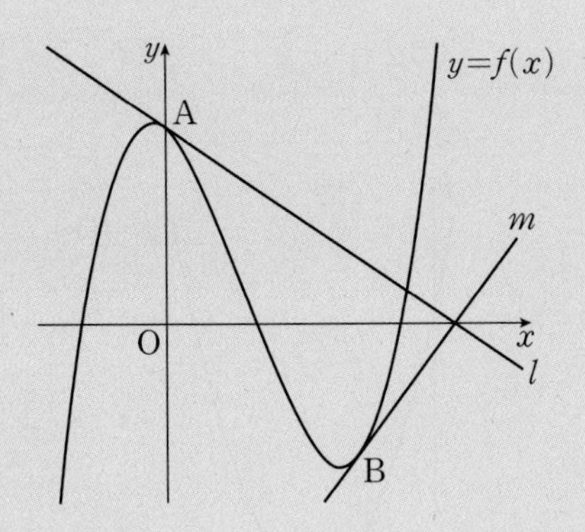

224 2024학년도 9월 평가원 10번

최고차항의 계수가 1인 삼차함수 $f(x)$에 대하여 곡선 $y=f(x)$ 위의 점 $(-2,\ f(-2))$에서의 접선과 곡선 $y=f(x)$ 위의 점 $(2,\ 3)$에서의 접선이 점 $(1,\ 3)$에서 만날 때, $f(0)$의 값은? [4점]

① 31　② 33　③ 35　④ 37　⑤ 39

유형 02 접선의 방정식 (2); 기울기가 주어진 경우

225 2023년 3월 교육청 17번

직선 $y=4x+5$가 곡선 $y=2x^4-4x+k$에 접할 때, 상수 k의 값을 구하시오. [3점]

226 2016학년도 6월 평가원 A형 13번

함수 $f(x)$가 $f(x)=(x-3)^2$이다. 함수 $g(x)$의 도함수가 $f(x)$이고 곡선 $y=g(x)$ 위의 점 $(2,\ g(2))$에서의 접선의 y절편이 -5일 때, 이 접선의 x절편은? [3점]

① 1 ② 2 ③ 3
④ 4 ⑤ 5

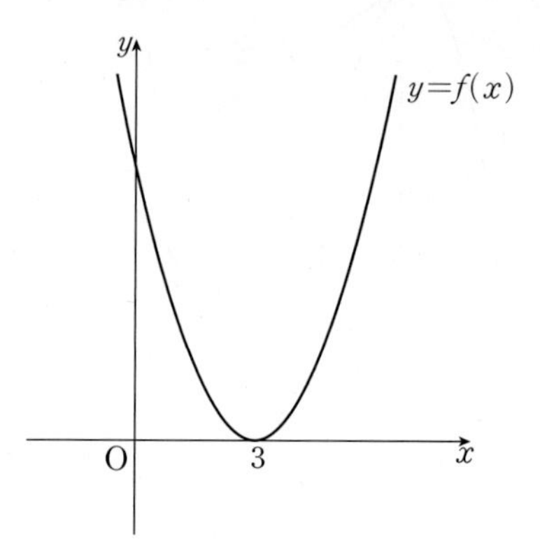

227 2013학년도 수능(홀) 나형 15번

삼차함수 $f(x)=x^3+ax^2+9x+3$의 그래프 위의 점 $(1,\ f(1))$에서의 접선의 방정식이 $y=2x+b$이다. $a+b$의 값은? (단, a, b는 상수이다.) [4점]

① 1 ② 2 ③ 3
④ 4 ⑤ 5

228 2015학년도 수능(홀) A형 14번

함수 $f(x)=x(x+1)(x-4)$에 대하여 직선 $y=5x+k$와 함수 $y=f(x)$의 그래프가 서로 다른 두 점에서 만날 때, 양수 k의 값은? [4점]

① 5 ② $\frac{11}{2}$ ③ 6
④ $\frac{13}{2}$ ⑤ 7

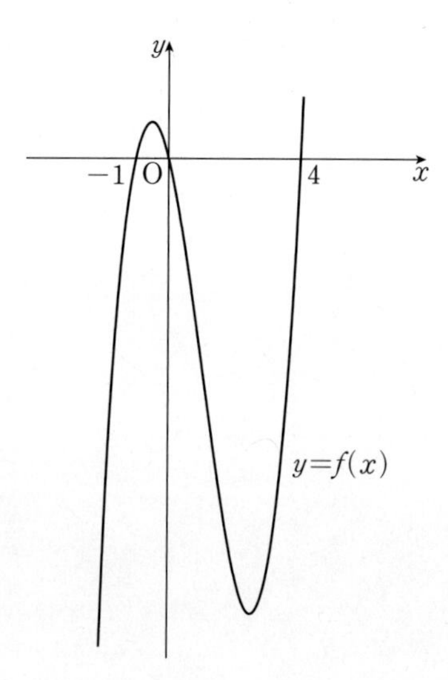

> 정답과 해설 63쪽

229 2013학년도 9월 평가원 나형 21번

좌표평면에서 두 함수

$$f(x)=6x^3-x,\ \ g(x)=|x-a|$$

의 그래프가 서로 다른 두 점에서 만나도록 하는 모든 실수 a의 값의 합은? [4점]

① $-\frac{11}{18}$　　② $-\frac{5}{9}$　　③ $-\frac{1}{2}$

④ $-\frac{4}{9}$　　⑤ $-\frac{7}{18}$

230 2014학년도 수능 예시문항 A형 30번

그림과 같이 정사각형 ABCD의 두 꼭짓점 A, C는 y축 위에 있고, 두 꼭짓점 B, D는 x축 위에 있다. 변 AB와 변 CD가 각각 삼차함수 $y=x^3-5x$의 그래프에 접할 때, 정사각형 ABCD의 둘레의 길이를 구하시오. [4점]

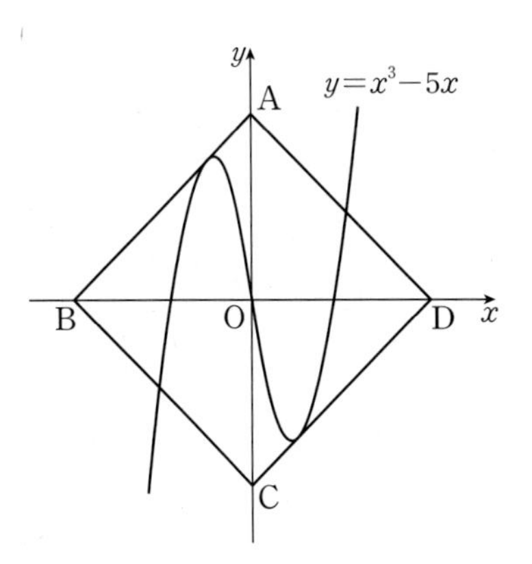

231 2021학년도 사관학교 나형 9번

곡선 $y=-x^3+3x^2+4$에 접하는 직선 중에서 기울기가 최대인 직선을 l이라 하자. 직선 l과 x축 및 y축으로 둘러싸인 부분의 넓이는? [3점]

① $\frac{3}{2}$ ② 2 ③ $\frac{5}{2}$
④ 3 ⑤ $\frac{7}{2}$

→ **232** 2022학년도 경찰대학 7번

실수 k에 대하여 함수 $f(x)=x^3+kx^2+(2k-1)x+k+3$의 그래프가 k의 값에 관계없이 항상 점 P를 지난다. 곡선 $y=f(x)$ 위의 점 P에서의 접선이 곡선 $y=f(x)$와 오직 한 점에서 만난다고 할 때, k의 값은? [4점]

① 1 ② 2 ③ 3
④ 4 ⑤ 5

유형 03 접선의 방정식 (3); 곡선 밖의 점이 주어진 경우

233 2023학년도 수능(홀) 8번

점 $(0, 4)$에서 곡선 $y=x^3-x+2$에 그은 접선의 x절편은? [3점]

① $-\frac{1}{2}$ ② -1 ③ $-\frac{3}{2}$
④ -2 ⑤ $-\frac{5}{2}$

→ **234** 2012학년도 9월 평가원 나형 15번

점 $(0, -4)$에서 곡선 $y=x^3-2$에 그은 접선이 x축과 만나는 점의 좌표를 $(a, 0)$이라 할 때, a의 값은? [4점]

① $\frac{7}{6}$ ② $\frac{4}{3}$ ③ $\frac{3}{2}$
④ $\frac{5}{3}$ ⑤ $\frac{11}{6}$

정답과 해설 65쪽

235 2022학년도 수능 예시문항 9번

원점을 지나고 곡선 $y=-x^3-x^2+x$에 접하는 모든 직선의 기울기의 합은? [4점]

① 2 ② $\frac{9}{4}$ ③ $\frac{5}{2}$

④ $\frac{11}{4}$ ⑤ 3

236 2017년 10월 교육청 나형 26번

함수 $y=x^3+2$의 그래프와 직선 $y=kx$가 만나는 교점의 개수를 $f(k)$라 할 때, $\sum_{k=1}^{6} f(k)$의 값을 구하시오. [4점]

237 2021학년도 9월 평가원 나형 18번

최고차항의 계수가 a인 이차함수 $f(x)$가 모든 실수 x에 대하여

$$|f'(x)| \leq 4x^2+5$$

를 만족시킨다. 함수 $y=f(x)$의 그래프의 대칭축이 직선 $x=1$일 때, 실수 a의 최댓값은? [4점]

① $\frac{3}{2}$ ② 2 ③ $\frac{5}{2}$

④ 3 ⑤ $\frac{7}{2}$

238 2012년 3월 교육청 가형 30번

함수 $f(x)=x^2(x-2)^2$이 있다. $0 \leq x \leq 2$인 모든 실수 x에 대하여

$$f(x) \leq f'(t)(x-t)+f(t)$$

를 만족시키는 실수 t의 집합은 $\{t \mid p \leq t \leq q\}$이다. $36pq$의 값을 구하시오. [4점]

유형 04 곡선과 다시 만나는 접선의 방정식

239 2014학년도 9월 평가원 A형 27번

곡선 $y=x^3+2x+7$ 위의 점 $\mathrm{P}(-1,\ 4)$에서의 접선이 점 P가 아닌 점 $(a,\ b)$에서 곡선과 만난다. $a+b$의 값을 구하시오. [4점]

240 2013학년도 6월 평가원 나형 17번

곡선 $y=x^3-5x$ 위의 점 $\mathrm{A}(1,\ -4)$에서의 접선이 점 A가 아닌 점 B에서 곡선과 만난다. 선분 AB의 길이는? [4점]

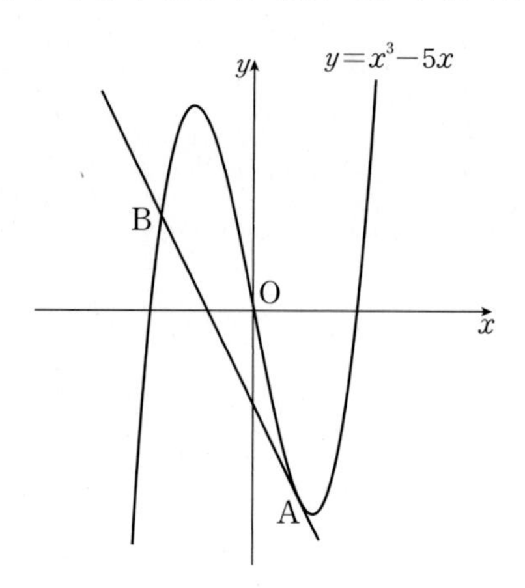

① $\sqrt{30}$ ② $\sqrt{35}$ ③ $2\sqrt{10}$
④ $3\sqrt{5}$ ⑤ $5\sqrt{2}$

241 2007년 10월 교육청 가형 25번

그림은 삼차함수 $f(x)=x^3-3x^2+3x$의 그래프이다.

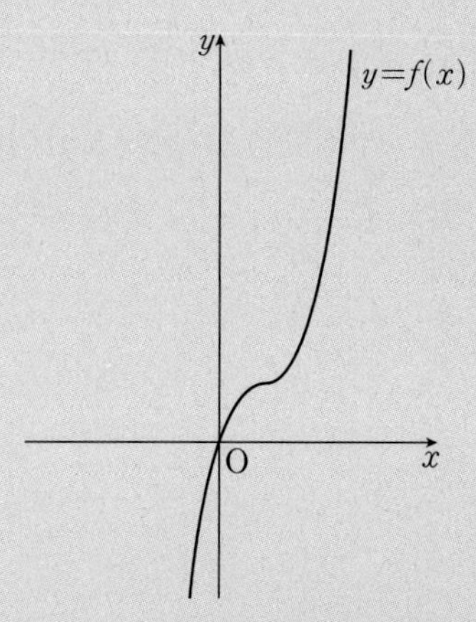

원점을 지나고 곡선 $y=f(x)$에 접하는 직선은 두 개이다. 두 접선과 곡선 $y=f(x)$의 교점 중 원점이 아닌 점들의 x좌표의 합을 S라 하자. 이때, $10S$의 값을 구하시오. [4점]

242 2013년 10월 교육청 A형 20번

삼차함수 $f(x)=x^3+ax$가 있다. 곡선 $y=f(x)$ 위의 점 $\mathrm{A}(-1,\ -1-a)$에서의 접선이 이 곡선과 만나는 다른 한 점을 B라 하자. 또, 곡선 $y=f(x)$ 위의 점 B에서의 접선이 이 곡선과 만나는 다른 한 점을 C라 하자. 두 점 B, C의 x좌표를 각각 $b,\ c$라 할 때, $f(b)+f(c)=-80$을 만족시킨다. 상수 a의 값은? [4점]

① 8 ② 10 ③ 12
④ 14 ⑤ 16

243 2017년 7월 교육청 나형 17번

최고차항의 계수가 1인 삼차함수 $f(x)$에 대하여 곡선 $y=f(x)$ 위의 점 $(2,\ 4)$에서의 접선이 점 $(-1,\ 1)$에서 이 곡선과 만날 때, $f'(3)$의 값은? [4점]

① 10　② 11　③ 12
④ 13　⑤ 14

244 2016학년도 사관학교 A형 21번

최고차항의 계수가 1인 삼차함수 $f(x)$에 대하여 곡선 $y=f(x)$가 y축과 만나는 점을 A라 하자. 곡선 $y=f(x)$ 위의 점 A에서의 접선을 l이라 할 때, 직선 l이 곡선 $y=f(x)$와 만나는 점 중에서 A가 아닌 점을 B라 하자. 또, 곡선 $y=f(x)$ 위의 점 B에서의 접선을 m이라 할 때, 직선 m이 곡선 $y=f(x)$와 만나는 점 중에서 B가 아닌 점을 C라 하자. 두 직선 l, m이 서로 수직이고 직선 m의 방정식이 $y=x$일 때, 곡선 $y=f(x)$ 위의 점 C에서의 접선의 기울기는?

(단, $f(0)>0$이다.) [4점]

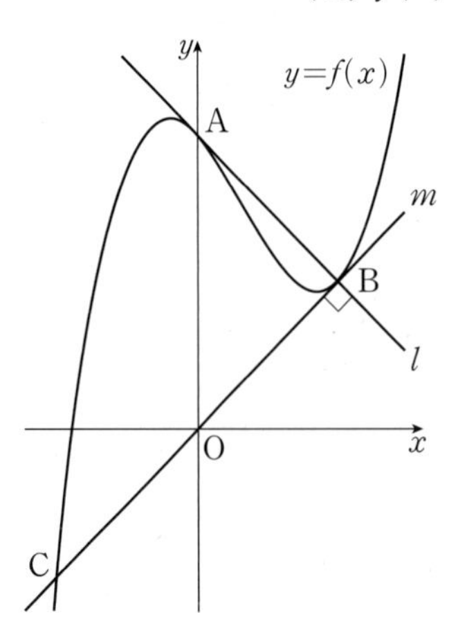

① 8　② 9　③ 10
④ 11　⑤ 12

유형 05 접선과 수직 또는 평행한 직선의 방정식

245 2017학년도 수능(홀) 나형 26번

곡선 $y=x^3-ax+b$ 위의 점 $(1, 1)$에서의 접선과 수직인 직선의 기울기가 $-\frac{1}{2}$이다. 두 상수 a, b에 대하여 $a+b$의 값을 구하시오. [4점]

→ **246** 2014년 7월 교육청 A형 10번

곡선 $y=2x^3+ax+b$ 위의 점 $(1, 1)$에서의 접선과 수직인 직선의 기울기가 $-\frac{1}{2}$이다. 상수 a, b에 대하여 a^2+b^2의 값은? [3점]

① 25 ② 27 ③ 29
④ 31 ⑤ 33

247 2021학년도 수능(홀) 나형 9번

곡선 $y=x^3-3x^2+2x+2$ 위의 점 $\mathrm{A}(0, 2)$에서의 접선과 수직이고 점 A를 지나는 직선의 x절편은? [3점]

① 4 ② 6 ③ 8
④ 10 ⑤ 12

→ **248** 2017학년도 사관학교 나형 8번

함수 $f(x)=x(x-3)(x-a)$의 그래프 위의 점 $(0, 0)$에서의 접선과 점 $(3, 0)$에서의 접선이 서로 수직이 되도록 하는 모든 실수 a의 값의 합은? [3점]

① $\frac{3}{2}$ ② 2 ③ $\frac{5}{2}$
④ 3 ⑤ $\frac{7}{2}$

249 2014학년도 6월 평가원 A형 17번

곡선 $y=x^3-3x^2+x+1$ 위의 서로 다른 두 점 A, B에서의 접선이 서로 평행하다. 점 A의 x좌표가 3일 때, 점 B에서의 접선의 y절편의 값은? [4점]

① 5 ② 6 ③ 7
④ 8 ⑤ 9

250 2008학년도 6월 평가원 가형 20번

양수 a에 대하여 점 $(a, 0)$에서 곡선 $y=3x^3$에 그은 접선과 점 $(0, a)$에서 곡선 $y=3x^3$에 그은 접선이 서로 평행할 때, $90a$의 값을 구하시오. [3점]

유형 06 공통인 접선의 방정식

251 2014학년도 사관학교 A형 4번

두 함수 $y=-x^2+4$, $y=2x^2+ax+b$의 그래프가 점 $\mathrm{A}(2, 0)$에서 만나고, 점 A에서 공통인 접선을 가질 때, 상수 a, b의 합 $a+b$의 값은? [3점]

① 4 ② 5 ③ 6
④ 7 ⑤ 8

252 2023학년도 9월 평가원 8번

곡선 $y=x^3-4x+5$ 위의 점 $(1, 2)$에서의 접선이 곡선 $y=x^4+3x+a$에 접할 때, 상수 a의 값은? [3점]

① 6 ② 7 ③ 8
④ 9 ⑤ 10

253 2023년 7월 교육청 19번

곡선 $y=x^3-10$ 위의 점 $\mathrm{P}(-2, -18)$에서의 접선과 곡선 $y=x^3+k$ 위의 점 Q에서의 접선이 일치할 때, 양수 k의 값을 구하시오. [3점]

254 2015년 7월 교육청 A형 14번

두 함수 $f(x)=x^2$과 $g(x)=-(x-3)^2+k$ $(k>0)$에 대하여 곡선 $y=f(x)$ 위의 점 $\mathrm{P}(1, 1)$에서의 접선을 l이라 하자. 직선 l에 곡선 $y=g(x)$가 접할 때의 접점을 Q, 곡선 $y=g(x)$와 x축이 만나는 두 점을 각각 R, S라 할 때, 삼각형 QRS의 넓이는? [4점]

① 4 ② $\frac{9}{2}$ ③ 5
④ $\frac{11}{2}$ ⑤ 6

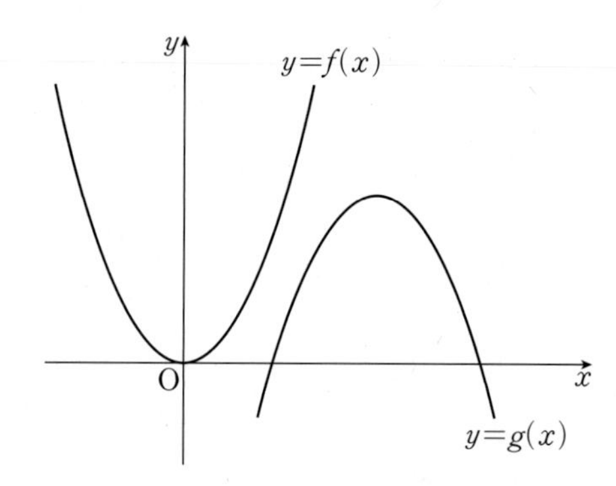

> 정답과 해설 70쪽

255 2022학년도 수능(홀) 10번

삼차함수 $f(x)$에 대하여 곡선 $y=f(x)$ 위의 점 $(0,\ 0)$에서의 접선과 곡선 $y=xf(x)$ 위의 점 $(1,\ 2)$에서의 접선이 일치할 때, $f'(2)$의 값은? [4점]

① -18 ② -17 ③ -16
④ -15 ⑤ -14

256 2012학년도 경찰대학 24번

곡선 $f(x)=x^4-3x^2+6x+1$ 위의 서로 다른 두 점에서 접하는 직선의 방정식은?

① $y=6x-\frac{5}{4}$ ② $y=3x-\frac{5}{2}$ ③ $y=6x+\frac{5}{4}$
④ $y=3x+\frac{5}{4}$ ⑤ $y=3x+\frac{5}{2}$

유형 07 평균값 정리

257 2023학년도 6월 평가원 8번

실수 전체의 집합에서 미분가능하고 다음 조건을 만족시키는 모든 함수 $f(x)$에 대하여 $f(5)$의 최솟값은? [3점]

> (가) $f(1)=3$
> (나) $1<x<5$인 모든 실수 x에 대하여 $f'(x)\geq 5$이다.

① 21 ② 22 ③ 23 ④ 24 ⑤ 25

258 2021년 4월 교육청 7번

함수 $f(x)=x^3-3x$에서 x의 값이 1에서 4까지 변할 때의 평균변화율과 곡선 $y=f(x)$ 위의 점 $(k,\ f(k))$에서의 접선의 기울기가 서로 같을 때, 양수 k의 값은? [3점]

① $\sqrt{3}$ ② 2 ③ $\sqrt{5}$ ④ $\sqrt{6}$ ⑤ $\sqrt{7}$

유형 08 접선의 방정식의 활용

259 2007학년도 9월 평가원 가형 20번

곡선 $y=x^3$ 위의 점 $\mathrm{P}(t,\ t^3)$에서의 접선과 원점 사이의 거리를 $f(t)$라 하자. $\lim_{t\to\infty}\frac{f(t)}{t}=a$일 때, $30a$의 값을 구하시오. [3점]

260 2015학년도 9월 평가원 A형 27번

곡선 $y=\frac{1}{3}x^3+\frac{11}{3}\ (x>0)$ 위를 움직이는 점 P와 직선 $x-y-10=0$ 사이의 거리를 최소가 되게 하는 곡선 위의 점 P의 좌표를 $(a,\ b)$라 할 때, $a+b$의 값을 구하시오. [4점]

> 정답과 해설 72쪽

261 2014년 7월 교육청 B형 7번

곡선 $y=x^3-5x^2+4x+4$ 위에 세 점 A$(-1, -6)$, B$(2, 0)$, C$(4, 4)$가 있다. 곡선 위에서 두 점 A, B 사이를 움직이는 점 P와 곡선 위에서 두 점 B, C 사이를 움직이는 점 Q에 대하여 사각형 AQCP의 넓이가 최대가 되도록 하는 두 점 P, Q의 x좌표의 곱은? [3점]

① $\frac{1}{6}$ ② $\frac{1}{3}$ ③ $\frac{1}{2}$
④ $\frac{2}{3}$ ⑤ $\frac{5}{6}$

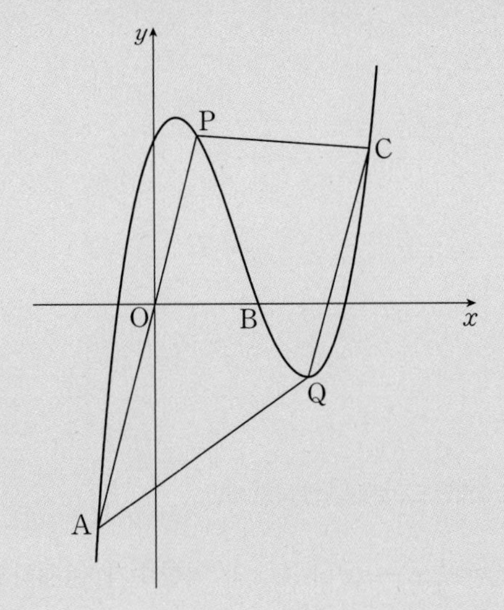

262 2013학년도 9월 평가원 나형 19번

닫힌구간 $[0, 2]$에서 정의된 함수

$$f(x)=ax(x-2)^2\left(a>\frac{1}{2}\right)$$

에 대하여 곡선 $y=f(x)$와 직선 $y=x$의 교점 중 원점 O가 아닌 점을 A라 하자. 점 P가 원점으로부터 점 A까지 곡선 $y=f(x)$ 위를 움직일 때, 삼각형 OAP의 넓이가 최대가 되는 점 P의 x좌표가 $\frac{1}{2}$이다. 상수 a의 값은? [4점]

① $\frac{5}{4}$ ② $\frac{4}{3}$ ③ $\frac{17}{12}$
④ $\frac{3}{2}$ ⑤ $\frac{19}{12}$

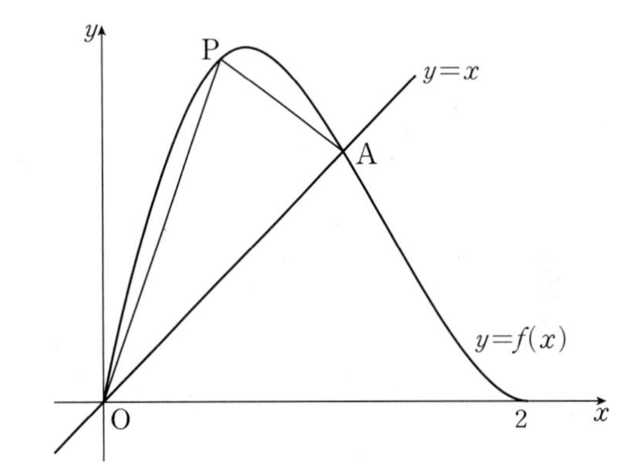

유형 09 함수의 증가·감소

263 2012학년도 6월 평가원 나형 15번

삼차함수 $f(x)=x^3+ax^2+2ax$가 구간 $(-\infty, \infty)$에서 증가하도록 하는 실수 a의 최댓값을 M이라 하고, 최솟값을 m이라 할 때, $M-m$의 값은? [4점]

① 3 ② 4 ③ 5
④ 6 ⑤ 7

264 2022학년도 수능(홀) 19번

함수 $f(x)=x^3+ax^2-(a^2-8a)x+3$이 실수 전체의 집합에서 증가하도록 하는 실수 a의 최댓값을 구하시오. [3점]

265 2021년 10월 교육청 13번

실수 전체의 집합에서 정의된 함수 $f(x)$와 역함수가 존재하는 삼차함수 $g(x)=x^3+ax^2+bx+c$가 다음 조건을 만족시킨다.

> 모든 실수 x에 대하여 $2f(x)=g(x)-g(-x)$이다.

보기에서 옳은 것만을 있는 대로 고른 것은?
(단, a, b, c는 상수이다.) [4점]

보기
ㄱ. $a^2 \le 3b$
ㄴ. 방정식 $f'(x)=0$은 서로 다른 두 실근을 갖는다.
ㄷ. 방정식 $f'(x)=0$이 실근을 가지면 $g'(1)=1$이다.

① ㄱ ② ㄱ, ㄴ ③ ㄱ, ㄷ
④ ㄴ, ㄷ ⑤ ㄱ, ㄴ, ㄷ

266 2012학년도 9월 평가원 나형 18번

함수 $f(x)=\frac{1}{3}x^3-ax^2+3ax$의 역함수가 존재하도록 하는 상수 a의 최댓값은? [4점]

① 3 ② 4 ③ 5
④ 6 ⑤ 7

> 정답과 해설 74쪽

267 2016학년도 6월 평가원 A형 27번

함수 $f(x)=\frac{1}{3}x^3-9x+3$이 열린구간 $(-a, a)$에서 감소할 때, 양수 a의 최댓값을 구하시오. [4점]

268 2024년 3월 교육청 7번

함수 $f(x)=\frac{1}{3}x^3-2x^2-5x+1$이 닫힌구간 $[a, b]$에서 감소할 때, $b-a$의 최댓값은? (단, a, b는 $a<b$인 실수이다.) [3점]

① 6　② 7　③ 8　④ 9　⑤ 10

269 2015년 10월 교육청 A형 27번

함수 $f(x)=x^4-16x^2$에 대하여 다음 조건을 만족시키는 모든 정수 k값의 제곱의 합을 구하시오. [4점]

> (가) 구간 $(k, k+1)$에서 $f'(x)<0$이다.
> (나) $f'(k)f'(k+2)<0$

270 2010년 10월 교육청 가형 6번

함수 $f(x)=x^3+6x^2+15|x-2a|+3$이 실수 전체의 집합에서 증가하도록 하는 실수 a의 최댓값은? [3점]

① $-\frac{5}{2}$　② -2　③ $-\frac{3}{2}$　④ -1　⑤ $-\frac{1}{2}$

유형 10 접선의 방정식과 새롭게 정의된 함수

271 2011학년도 9월 평가원 가형 21번

함수 $f(x)=x^3-(a+2)x^2+ax$에 대하여 곡선 $y=f(x)$ 위의 점 $(t,\ f(t))$에서의 접선의 y절편을 $g(t)$라 하자. 함수 $g(t)$가 열린구간 $(0,\ 5)$에서 증가할 때, a의 최솟값을 구하시오. [3점]

272 2014학년도 수능(홀) A형 21번

좌표평면에서 삼차함수 $f(x)=x^3+ax^2+bx$와 실수 t에 대하여 곡선 $y=f(x)$ 위의 점 $(t,\ f(t))$에서 접선이 y축과 만나는 점을 P라 할 때, 원점에서 점 P까지의 거리를 $g(t)$라 하자. 함수 $f(x)$와 함수 $g(t)$는 다음 조건을 만족시킨다.

> (가) $f(1)=2$
> (나) 함수 $g(t)$는 실수 전체의 집합에서 미분가능하다.

$f(3)$의 값은? (단, a, b는 상수이다.) [4점]

① 21 ② 24 ③ 27 ④ 30 ⑤ 33

> 정답과 해설 77쪽

273 2018학년도 6월 평가원 나형 20번

함수

$$f(x)=\frac{1}{3}x^3-kx^2+1\ (k>0\text{인 상수})$$

의 그래프 위의 서로 다른 두 점 A, B에서의 접선 l, m의 기울기가 모두 $3k^2$이다. 곡선 $y=f(x)$에 접하고 x축에 평행한 두 직선과 접선 l, m으로 둘러싸인 도형의 넓이가 24일 때, k의 값은? [4점]

① $\frac{1}{2}$　② 1　③ $\frac{3}{2}$　④ 2　⑤ $\frac{5}{2}$

274 2024학년도 수능(홀) 20번

$a>\sqrt{2}$인 실수 a에 대하여 함수 $f(x)$를

$$f(x)=-x^3+ax^2+2x$$

라 하자. 곡선 $y=f(x)$ 위의 점 O$(0, 0)$에서의 접선이 곡선 $y=f(x)$와 만나는 점 중 O가 아닌 점을 A라 하고, 곡선 $y=f(x)$ 위의 점 A에서의 접선이 x축과 만나는 점을 B라 하자. 점 A가 선분 OB를 지름으로 하는 원 위의 점일 때, $\overline{\text{OA}}\times\overline{\text{AB}}$의 값을 구하시오. [4점]

275 2022년 4월 교육청 20번

최고차항의 계수가 1인 삼차함수 $f(x)$가 모든 실수 x에 대하여 $f(-x)=-f(x)$를 만족시킨다. 양수 t에 대하여 좌표평면 위의 네 점 $(t, 0)$, $(0, 2t)$, $(-t, 0)$, $(0, -2t)$를 꼭짓점으로 하는 마름모가 곡선 $y=f(x)$와 만나는 점의 개수를 $g(t)$라 할 때, 함수 $g(t)$는 $t=\alpha$, $t=8$에서 불연속이다. $\alpha^2 \times f(4)$의 값을 구하시오. (단, α는 $0<\alpha<8$인 상수이다.)

[4점]

276 2015학년도 9월 평가원 A형 21번

최고차항의 계수가 1인 다항함수 $f(x)$가 다음 조건을 만족시킬 때, $f(3)$의 값은? [4점]

(가) $f(0)=-3$

(나) 모든 양의 실수 x에 대하여 $6x-6 \le f(x) \le 2x^3-2$이다.

① 36 ② 38 ③ 40 ④ 42 ⑤ 44

> 정답과 해설 78쪽

277 2024학년도 9월 평가원 13번

두 실수 a, b에 대하여 함수

$$f(x)=\begin{cases}-\dfrac{1}{3}x^3-ax^2-bx & (x<0)\\ \dfrac{1}{3}x^3+ax^2-bx & (x\geq 0)\end{cases}$$

이 구간 $(-\infty, -1]$에서 감소하고 구간 $[-1, \infty)$에서 증가할 때, $a+b$의 최댓값을 M, 최솟값을 m이라 하자. $M-m$의 값은? [4점]

① $\dfrac{3}{2}+3\sqrt{2}$　② $3+3\sqrt{2}$　③ $\dfrac{9}{2}+3\sqrt{2}$

④ $6+3\sqrt{2}$　⑤ $\dfrac{15}{2}+3\sqrt{2}$

278 2024년 5월 교육청 14번

최고차항의 계수가 1인 삼차함수 $f(x)$와 실수 t에 대하여 곡선 $y=f(x)$ 위의 점 $(t, f(t))$에서의 접선의 y절편을 $g(t)$라 하자. 두 함수 $f(x)$, $g(t)$가 다음 조건을 만족시킨다.

> $|f(k)|+|g(k)|=0$을 만족시키는 실수 k의 개수는 2이다.

$4f(1)+2g(1)=-1$일 때, $f(4)$의 값은? [4점]

① 46　② 49　③ 52

④ 55　⑤ 58

05

도함수의 활용 (2)

개념 카드

실전 개념 1 함수의 극대·극소

> 유형 01 ~ 04, 08, 09

(1) 함수의 극대·극소

함수 $f(x)$에서 $x=a$를 포함하는 어떤 열린구간에 속하는 모든 x에 대하여

① $f(x) \le f(a)$일 때, 함수 $f(x)$는 $x=a$에서 극대라 하고, $f(a)$를 극댓값이라 한다.

② $f(x) \ge f(a)$일 때, 함수 $f(x)$는 $x=a$에서 극소라 하고, $f(a)$를 극솟값이라 한다.

→ 극댓값과 극솟값을 통틀어 극값이라 한다.

(2) 극값과 미분계수

함수 $f(x)$가 $x=a$에서 극값을 갖고 a를 포함하는 어떤 열린구간에서 미분가능하면 $f'(a)=0$이다.

실전 개념 2 함수의 극대·극소의 판정

> 유형 01 ~ 04, 08, 09

미분가능한 함수 $f(x)$에 대하여 $f'(a)=0$이고, $x=a$의 좌우에서 $f'(x)$의 부호가

(1) 양에서 음으로 바뀌면 $f(x)$는 $x=a$에서 극대이고, 극댓값은 $f(a)$이다.

(2) 음에서 양으로 바뀌면 $f(x)$는 $x=a$에서 극소이고, 극솟값은 $f(a)$이다.

실전 개념 3 함수의 그래프와 함수의 최대·최소

> 유형 05 ~ 09

(1) 함수의 그래프

미분가능한 함수 $y=f(x)$의 그래프는 다음의 순서를 따라 그릴 수 있다.

(i) $f'(x)$를 구한 후 $f'(x)=0$인 x의 값을 구한다.

(ii) (i)에서 구한 x의 값의 좌우에서 $f'(x)$의 부호를 조사하여 함수 $f(x)$의 증가와 감소를 표로 나타내고 극값을 구한다.

(iii) 함수 $y=f(x)$의 증가와 감소, 극대와 극소, 좌표축과의 교점 등을 이용하여 그래프의 개형을 그린다.

(2) 함수의 최대·최소

함수 $f(x)$가 닫힌구간 $[a, b]$에서 연속일 때, 최댓값과 최솟값은 다음과 같은 순서로 구한다.

(i) 열린구간 (a, b)에서의 $f(x)$의 극댓값과 극솟값을 구한다.

(ii) 주어진 구간의 양 끝 값에서의 함숫값 $f(a)$, $f(b)$를 구한다.

(iii) (i), (ii)에서 구한 극댓값, 극솟값, $f(a)$, $f(b)$ 중에서 가장 큰 값이 최댓값이고, 가장 작은 값이 최솟값이다.

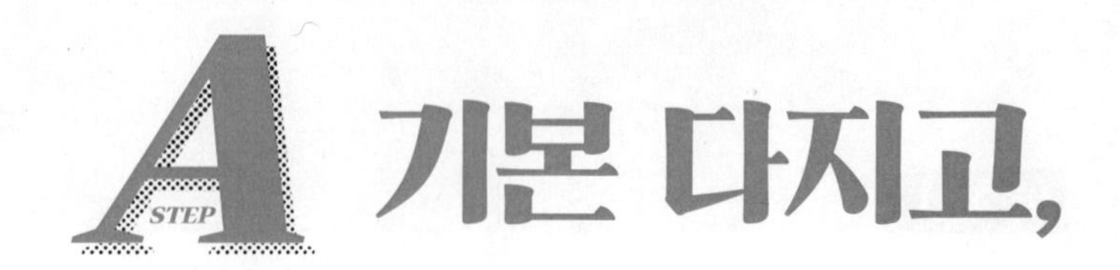

279 2024학년도 수능(홀) 7번

함수 $f(x)=\frac{1}{3}x^3-2x^2-12x+4$가 $x=\alpha$에서 극대이고 $x=\beta$에서 극소일 때, $\beta-\alpha$의 값은? (단, α와 β는 상수이다.) [3점]

① -4 ② -1 ③ 2
④ 5 ⑤ 8

280 2022학년도 6월 평가원 17번

함수 $f(x)=x^3-3x+12$가 $x=a$에서 극소일 때, $a+f(a)$의 값을 구하시오. (단, a는 상수이다.) [3점]

281 2008학년도 수능(홀) 가형 18번

함수 $f(x)=x^3-12x$가 $x=a$에서 극댓값 b를 가질 때, $a+b$의 값을 구하시오. [3점]

282 2008년 7월 교육청 가형 18번

함수 $f(x)=x^3-3x^2+20$의 극솟값을 구하시오. [3점]

283 2022학년도 9월 평가원 5번

함수 $f(x)=2x^3+3x^2-12x+1$의 극댓값과 극솟값을 각각 M, m이라 할 때, $M+m$의 값은? [3점]

① 13 ② 14 ③ 15
④ 16 ⑤ 17

284 2017년 11월 교육청 가형 24번 (고2)

함수 $f(x)=x^3-6x^2+9x+9$는 극솟값 a와 극댓값 b를 갖는다. 두 수 a, b의 곱 ab의 값을 구하시오. [3점]

285 2018학년도 6월 평가원 나형 10번

닫힌구간 $[-1, 3]$에서 함수 $f(x)=x^3-3x+5$의 최솟값은? [3점]

① 1 ② 2 ③ 3
④ 4 ⑤ 5

286 2016년 9월 교육청 가형 12번 (고2)

닫힌구간 $[-1, 3]$에서 함수 $f(x)=x^3-6x^2+9x+6$의 최댓값은? [3점]

① 6 ② 7 ③ 8
④ 9 ⑤ 10

287 2009학년도 9월 평가원 가형 18번

구간 $[-2, 0]$에서 함수 $f(x)=x^3-3x^2-9x+8$의 최댓값을 구하시오. [3점]

288 2008년 10월 교육청 가형 18번

구간 $[-1, 1]$에서 함수 $f(x)=x^3+3x^2+10$의 최댓값과 최솟값의 합을 구하시오. [3점]

05

STEP B 유형 & 유사로 익히면…

유형 01 함수의 극대·극소의 성질

289 2021년 4월 교육청 18번

다항함수 $f(x)$에 대하여 함수 $g(x)$를

$$g(x)=(x^2-2x)f(x)$$

라 하자. 함수 $f(x)$가 $x=3$에서 극솟값 2를 가질 때, $g'(3)$의 값을 구하시오. [3점]

290 2015학년도 수능(홀) A형 29번

두 다항함수 $f(x)$와 $g(x)$가 모든 실수 x에 대하여

$$g(x)=(x^3+2)f(x)$$

를 만족시킨다. $g(x)$가 $x=1$에서 극솟값 24를 가질 때, $f(1)-f'(1)$의 값을 구하시오. [4점]

291 2016학년도 9월 평가원 A형 13번

함수 $f(x)$의 도함수 $f'(x)$가 $f'(x)=x^2-1$이다. 함수 $g(x)=f(x)-kx$가 $x=-3$에서 극값을 가질 때, 상수 k의 값은? [3점]

① 4 ② 5 ③ 6
④ 7 ⑤ 8

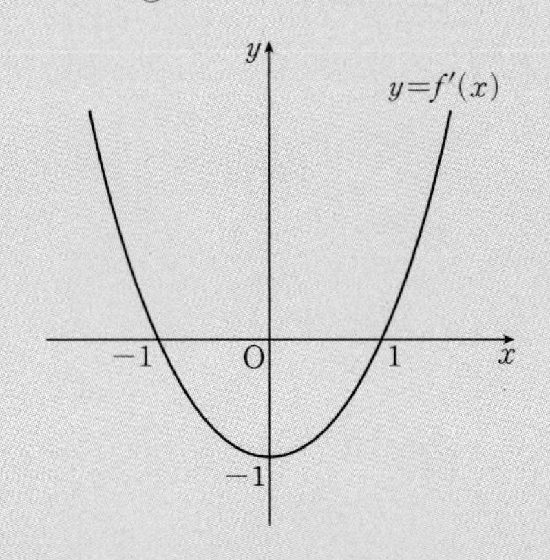

292 2017학년도 6월 평가원 나형 18번

삼차함수 $y=f(x)$와 일차함수 $y=g(x)$의 그래프가 그림과 같고, $f'(b)=f'(d)=0$이다.

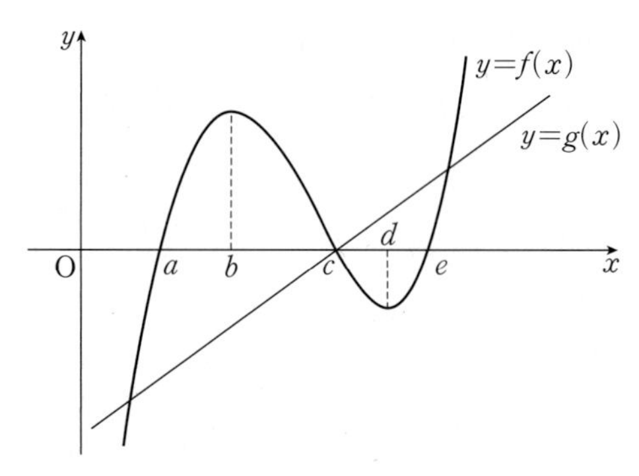

함수 $y=f(x)g(x)$는 $x=p$와 $x=q$에서 극소이다. 다음 중 옳은 것은? (단, $p<q$) [4점]

① $a<p<b$이고 $c<q<d$
② $a<p<b$이고 $d<q<e$
③ $b<p<c$이고 $c<q<d$
④ $b<p<c$이고 $d<q<e$
⑤ $c<p<d$이고 $d<q<e$

> 정답과 해설 82쪽

293 2010학년도 6월 평가원 가형 14번

$x=0$에서 극댓값을 갖는 모든 다항함수 $f(x)$에 대하여 옳은 것만을 **보기**에서 있는 대로 고른 것은? [3점]

보기

ㄱ. 함수 $|f(x)|$은 $x=0$에서 극댓값을 갖는다.

ㄴ. 함수 $f(|x|)$은 $x=0$에서 극댓값을 갖는다.

ㄷ. 함수 $f(x)-x^2|x|$은 $x=0$에서 극댓값을 갖는다.

① ㄴ ② ㄷ ③ ㄱ, ㄴ
④ ㄱ, ㄷ ⑤ ㄴ, ㄷ

294 2011학년도 6월 평가원 가형 16번

다항함수 $f(x)$, $g(x)$에 대하여 함수 $h(x)$를

$$h(x)=\begin{cases} f(x) & (x\geq 0) \\ g(x) & (x<0) \end{cases}$$

라고 하자. $h(x)$가 실수 전체의 집합에서 연속일 때, 옳은 것만을 **보기**에서 있는 대로 고른 것은? [4점]

보기

ㄱ. $f(0)=g(0)$

ㄴ. $f'(0)=g'(0)$이면 $h(x)$는 $x=0$에서 미분가능하다.

ㄷ. $f'(0)g'(0)<0$이면 $h(x)$는 $x=0$에서 극값을 갖는다.

① ㄱ ② ㄴ ③ ㄷ
④ ㄱ, ㄴ ⑤ ㄱ, ㄴ, ㄷ

유형 02 삼차함수의 극대·극소

295 2023학년도 9월 평가원 6번

함수 $f(x)=x^3-3x^2+k$의 극댓값이 9일 때, 함수 $f(x)$의 극솟값은? (단, k는 상수이다.) [3점]

① 1 ② 2 ③ 3
④ 4 ⑤ 5

296 2015학년도 9월 평가원 A형 17번

함수 $f(x)=x^3-3x^2+a$의 모든 극값의 곱이 -4일 때, 상수 a의 값은? [4점]

① 2 ② 4 ③ 6
④ 8 ⑤ 10

297 2023학년도 수능(홀) 6번

함수 $f(x)=2x^3-9x^2+ax+5$는 $x=1$에서 극대이고, $x=b$에서 극소이다. $a+b$의 값은? (단, a, b는 상수이다.) [3점]

① 12 ② 14 ③ 16
④ 18 ⑤ 20

298 2023년 7월 교육청 7번

함수 $f(x)=x^3+ax^2-9x+4$가 $x=1$에서 극값을 갖는다. 함수 $f(x)$의 극댓값은? (단, a는 상수이다.) [3점]

① 31 ② 33 ③ 35
④ 37 ⑤ 39

299 2024학년도 9월 평가원 6번

함수 $f(x)=x^3+ax^2+bx+1$은 $x=-1$에서 극대이고, $x=3$에서 극소이다. 함수 $f(x)$의 극댓값은?

(단, a, b는 상수이다.) [3점]

① 0 ② 3 ③ 6
④ 9 ⑤ 12

300 2024학년도 6월 평가원 18번

두 상수 a, b에 대하여 삼차함수 $f(x)=ax^3+bx+a$는 $x=1$에서 극소이다. 함수 $f(x)$의 극솟값이 -2일 때, 함수 $f(x)$의 극댓값을 구하시오. [3점]

301 2020년 4월 교육청 나형 28번

함수 $f(x)=x^3-6x^2+ax+10$에 대하여 함수

$$g(x)=\begin{cases} b-f(x) & (x<3) \\ f(x) & (x\geq 3) \end{cases}$$

이 실수 전체의 집합에서 미분가능할 때, 함수 $g(x)$의 극솟값을 구하시오. (단, a, b는 상수이다.) [4점]

302 2014학년도 6월 평가원 A형 21번

함수

$$f(x)=\begin{cases} a(3x-x^3) & (x<0) \\ x^3-ax & (x\geq 0) \end{cases}$$

의 극댓값이 5일 때, $f(2)$의 값은? (단, a는 상수이다.) [4점]

① 5 ② 7 ③ 9 ④ 11 ⑤ 13

303 2006년 5월 교육청 가형 16번

삼차함수 $y=f(x)$는 점 A에서 극대이고 점 B에서 극소이며 극댓값과 극솟값의 차는 8이다. $y=f(x)$의 그래프 밖의 한 점 C에 대하여 △ABC의 외심의 좌표가 (6, 1), ∠C=90°, $\overline{\text{AB}}=10$일 때, $f'(x)=0$의 두 근의 곱은?

(단, $\overline{\text{AC}}$는 y축과 평행이다.) [4점]

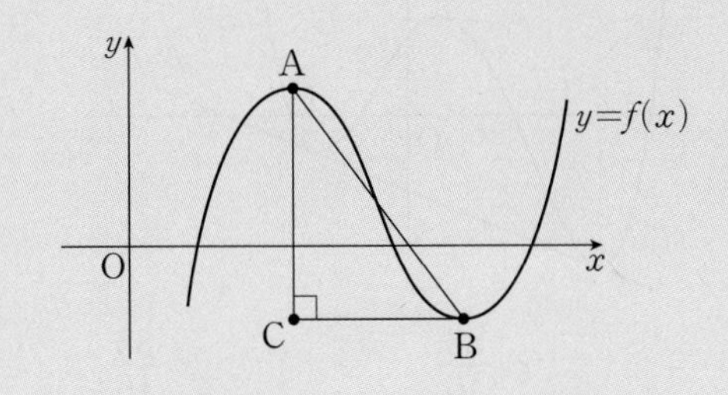

① 27 ② 30 ③ 33 ④ 36 ⑤ 39

304 2019년 10월 교육청 나형 16번

삼차함수 $f(x)$에 대하여 방정식 $f'(x)=0$의 두 실근 α, β는 다음 조건을 만족시킨다.

> (가) $|\alpha-\beta|=10$
> (나) 두 점 $(\alpha,\ f(\alpha))$, $(\beta,\ f(\beta))$ 사이의 거리는 26이다.

함수 $f(x)$의 극댓값과 극솟값의 차는? [4점]

① $12\sqrt{2}$ ② 18 ③ 24 ④ 30 ⑤ $24\sqrt{2}$

유형 03 사차함수의 극대·극소

305 2023학년도 6월 평가원 19번

함수 $f(x)=x^4+ax^2+b$는 $x=1$에서 극소이다. 함수 $f(x)$의 극댓값이 4일 때, $a+b$의 값을 구하시오.

(단, a와 b는 상수이다.) [3점]

→ **306** 2022학년도 수능 예시문항 19번

실수 k에 대하여 함수 $f(x)=x^4+kx+10$이 $x=1$에서 극값을 가질 때, $f(1)$의 값을 구하시오. [3점]

307 2020학년도 수능(홀) 나형 12번

함수 $f(x)=-x^4+8a^2x^2-1$이 $x=b$와 $x=2-2b$에서 극대일 때, $a+b$의 값은? (단, a, b는 $a>0$, $b>1$인 상수이다.)

[3점]

① 3 ② 5 ③ 7
④ 9 ⑤ 11

→ **308** 2011년 7월 교육청 나형 20번

그림과 같이 일차함수 $y=f(x)$의 그래프와 최고차항의 계수가 1인 사차함수 $y=g(x)$의 그래프는 x좌표가 -2, 1인 두 점에서 접한다. 함수 $h(x)=g(x)-f(x)$라 할 때, 함수 $h(x)$의 극댓값은? [4점]

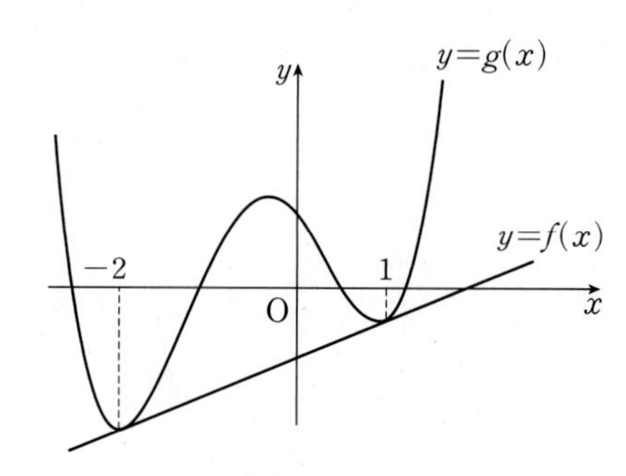

① $\frac{81}{16}$ ② $\frac{83}{16}$ ③ $\frac{85}{16}$
④ $\frac{87}{16}$ ⑤ $\frac{89}{16}$

유형 04 함수의 극대·극소의 조건

309 2014년 4월 교육청 B형 7번

함수 $f(x)=x^3+ax^2+(a^2-4a)x+3$이 극값을 갖도록 하는 모든 정수 a의 개수는? [3점]

① 5 ② 6 ③ 7
④ 8 ⑤ 9

310 2015학년도 사관학교 A형 6번

삼차함수 $f(x)=x^3+ax^2+(a+6)x+2$가 극값을 갖지 않도록 하는 정수 a의 개수는? [3점]

① 8 ② 9 ③ 10
④ 11 ⑤ 12

311 2007년 7월 교육청 가형 13번

사차함수 $f(x)=\frac{1}{4}x^4+\frac{1}{3}(a+1)x^3-ax$가 $x=\alpha$, γ에서 극소, $x=\beta$에서 극대일 때, 실수 a의 값의 범위는?

(단, $\alpha<0<\beta<\gamma<3$) [4점]

① $-\frac{9}{2}<a<-4$ ② $-4<a<-\frac{7}{2}$
③ $-\frac{7}{2}<a<-3$ ④ $-3<a<-\frac{5}{2}$
⑤ $-\frac{5}{2}<a<-2$

312 2009년 7월 교육청 가형 19번

직선 $x=a$가 곡선 $f(x)=x^3-ax^2-100x+10$의 극대가 되는 점과 극소가 되는 점 사이를 지날 때, 정수 a의 개수를 구하시오. [3점]

05

유형 05 함수의 최대·최소

313 2021년 4월 교육청 12번

닫힌구간 $[0, 3]$에서 함수 $f(x)=x^3-6x^2+9x+a$의 최댓값이 12일 때, 상수 a의 값은? [4점]

① 2 ② 4 ③ 6
④ 8 ⑤ 10

314 2013학년도 6월 평가원 나형 13번

닫힌구간 $[1, 4]$에서 함수 $f(x)=x^3-3x^2+a$의 최댓값을 M, 최솟값을 m이라 하자. $M+m=20$일 때, 상수 a의 값은? [3점]

① 1 ② 2 ③ 3
④ 4 ⑤ 5

315 2017학년도 6월 평가원 나형 28번

양수 a에 대하여 함수 $f(x)=x^3+ax^2-a^2x+2$가 닫힌구간 $[-a, a]$에서 최댓값 M, 최솟값 $\frac{14}{27}$를 갖는다. $a+M$의 값을 구하시오. [4점]

316 2022학년도 사관학교 12번

닫힌구간 $[-1, 3]$에서 정의된 함수

$$f(x)=\begin{cases} x^3-6x^2+5 & (-1\le x\le 1) \\ x^2-4x+a & (1<x\le 3) \end{cases}$$

의 최댓값과 최솟값의 합이 0일 때, $\lim_{x\to 1+} f(x)$의 값은?

(단, a는 상수이다.) [4점]

① -5 ② $-\frac{9}{2}$ ③ -4
④ $-\frac{7}{2}$ ⑤ -3

> 정답과 해설 88쪽

317 2020학년도 6월 평가원 나형 18번

최고차항의 계수가 1인 삼차함수 $f(x)$에 대하여 함수 $g(x)$는

$$g(x)=\begin{cases} \frac{1}{2} & (x<0) \\ f(x) & (x\geq 0) \end{cases}$$

이다. $g(x)$가 실수 전체의 집합에서 미분가능하고 $g(x)$의 최솟값이 $\frac{1}{2}$보다 작을 때, **보기**에서 옳은 것만을 있는 대로 고른 것은? [4점]

보기

ㄱ. $g(0)+g'(0)=\frac{1}{2}$

ㄴ. $g(1)<\frac{3}{2}$

ㄷ. 함수 $g(x)$의 최솟값이 0일 때, $g(2)=\frac{5}{2}$이다.

① ㄱ ② ㄱ, ㄴ ③ ㄱ, ㄷ
④ ㄴ, ㄷ ⑤ ㄱ, ㄴ, ㄷ

318 2018학년도 수능(홀) 나형 20번

최고차항의 계수가 1인 사차함수 $f(x)$가 다음 조건을 만족시킨다.

(가) $f'(0)=0,\ f'(2)=16$
(나) 어떤 양수 k에 대하여 두 열린구간 $(-\infty,\ 0)$, $(0,\ k)$에서 $f'(x)<0$이다.

보기에서 옳은 것만을 있는 대로 고른 것은? [4점]

보기

ㄱ. 방정식 $f'(x)=0$은 열린구간 $(0,\ 2)$에서 한 개의 실근을 갖는다.

ㄴ. 함수 $f(x)$는 극댓값을 갖는다.

ㄷ. $f(0)=0$이면, 모든 실수 x에 대하여 $f(x)\geq -\frac{1}{3}$이다.

① ㄱ ② ㄴ ③ ㄱ, ㄷ
④ ㄴ, ㄷ ⑤ ㄱ, ㄴ, ㄷ

유형 06 합성함수의 최대·최소

319 2011년 10월 교육청 나형 9번

실수 전체의 집합에서 정의된 두 함수

$$f(x)=x^3+3x^2+2,\ g(x)=\sin x$$

가 있다. 이때, 합성함수 $(f\circ g)(x)$의 최댓값과 최솟값의 합은? [3점]

① 6 ② 8 ③ 10 ④ 12 ⑤ 14

320 2022년 3월 교육청 10번

두 함수

$$f(x)=x^2+2x+k,\ g(x)=2x^3-9x^2+12x-2$$

에 대하여 함수 $(g\circ f)(x)$의 최솟값이 2가 되도록 하는 실수 k의 최솟값은? [4점]

① 1 ② $\frac{9}{8}$ ③ $\frac{5}{4}$ ④ $\frac{11}{8}$ ⑤ $\frac{3}{2}$

유형 07 함수의 최대·최소의 활용

321 2013년 4월 교육청 B형 28번

곡선 $y=\frac{1}{2}x^4-2x^3+8\ (x>0)$ 위의 점에서 그은 접선 중에서 기울기가 최소인 접선과 x축, y축으로 둘러싸인 도형의 넓이를 구하시오. [4점]

322 2020년 3월 교육청 가형 17번

$0<a<6$인 실수 a에 대하여 원점에서 곡선 $y=x(x-a)(x-6)$에 그은 두 접선의 기울기의 곱의 최솟값은? [4점]

① -54 ② -51 ③ -48 ④ -45 ⑤ -42

> 정답과 해설 90쪽

323 2015학년도 사관학교 A형 28번

그림과 같이 좌표평면에서 곡선 $y=\frac{1}{2}x^2$ 위의 점 중에서 제1사분면에 있는 점 $A\left(t,\ \frac{1}{2}t^2\right)$을 지나고 x축에 평행한 직선이 직선 $y=-x+10$과 만나는 점을 B라 하고, 두 점 A, B에서 x축에 내린 수선의 발을 각각 C, D라 하자. 직사각형 ACDB의 넓이가 최대일 때, $10t$의 값을 구하시오.

(단, 점 A의 x좌표는 점 B의 x좌표보다 작다.) [4점]

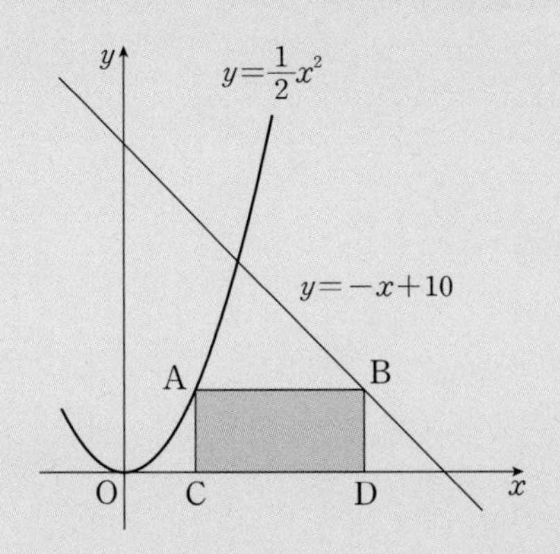

324 2008학년도 6월 평가원 가형 22번

그림과 같이 좌표평면 위에 네 점

O(0, 0), A(8, 0), B(8, 8), C(0, 8)

을 꼭짓점으로 하는 정사각형 OABC와 한 변의 길이가 8이고 네 변이 좌표축과 평행한 정사각형 PQRS가 있다. 점 P가 점 $(-1,\ -6)$에서 출발하여 포물선

$y=-x^2+5x$

를 따라 움직이도록 정사각형 PQRS를 평행이동시킨다. 평행이동시킨 정사각형과 정사각형 OABC가 겹치는 부분의 넓이의 최댓값을 $\frac{q}{p}$라 할 때, $p+q$의 값을 구하시오.

(단, p와 q는 서로소인 자연수이다.) [4점]

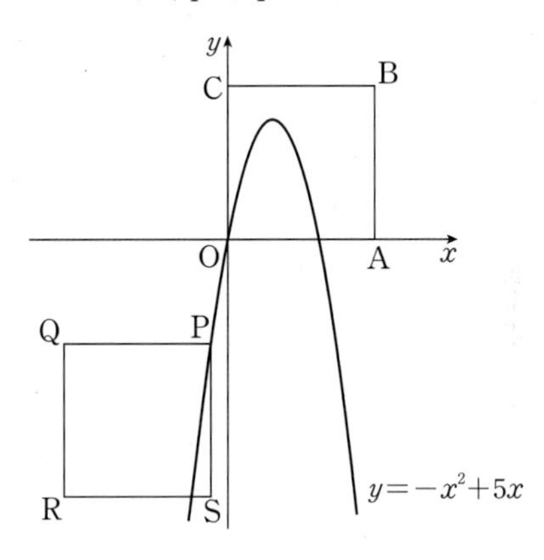

유형 08 함수의 식 구하기

325 2012년 3월 교육청 가형 7번

다항함수 $f(x)$는 다음 조건을 만족시킨다.

(가) $\lim_{x \to \infty} \frac{f(x)}{x^3} = 1$

(나) $x=-1$과 $x=2$에서 극값을 갖는다.

$\lim_{h \to 0} \frac{f(3+h)-f(3-h)}{h}$의 값은? [3점]

① 8 ② 12 ③ 16

④ 20 ⑤ 24

326 2007학년도 사관학교 이과 28번

삼차함수 $f(x)$가 다음 두 조건을 모두 만족한다.

(가) 곡선 $y=f(x)+1$은 $x=1$에서 x축에 접한다.

(나) 곡선 $y=f(x)-1$은 $x=-1$에서 x축에 접한다.

이때, $f(4)$의 값을 구하시오. [4점]

327 2019년 10월 교육청 나형 21번

최고차항의 계수가 1인 삼차함수 $f(x)$가 다음 조건을 만족시킨다.

> (가) 방정식 $f(x)=0$의 실근은 α, β $(\alpha<\beta)$뿐이다.
> (나) 함수 $f(x)$의 극솟값은 -4이다.

보기에서 옳은 것만을 있는 대로 고른 것은? [4점]

보기

ㄱ. $f'(\alpha)=0$

ㄴ. $\beta=\alpha+3$

ㄷ. $f(0)=16$이면 $\alpha^2+\beta^2=18$이다.

① ㄱ ② ㄱ, ㄴ ③ ㄱ, ㄷ
④ ㄴ, ㄷ ⑤ ㄱ, ㄴ, ㄷ

328 2008년 10월 교육청 가형 7번

그림은 원점 O에 대하여 대칭인 삼차함수 $f(x)$의 그래프이다. 곡선 $y=f(x)$와 x축이 만나는 점 중 원점이 아닌 점을 각각 A, B라 하고, 함수 $f(x)$의 극대, 극소인 점을 각각 C, D라 하자.

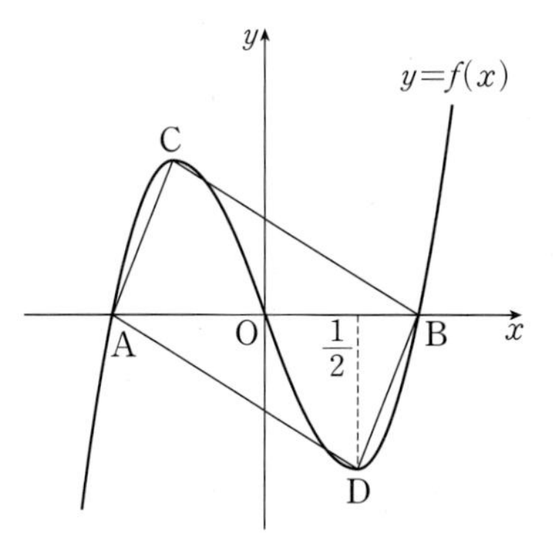

점 D의 x좌표가 $\frac{1}{2}$이고 사각형 ADBC의 넓이가 $\sqrt{3}$일 때, 함수 $f(x)$의 극댓값은? [3점]

① 1 ② $\frac{4}{3}$ ③ $\frac{5}{3}$
④ $\frac{\sqrt{3}}{2}$ ⑤ $\sqrt{2}$

329 2012년 10월 교육청 나형 29번

최고차항의 계수가 1인 삼차함수 $f(x)$가 다음 조건을 만족시킬 때, $f(x)$의 극댓값을 구하시오. [4점]

> (가) 모든 실수 x에 대하여 $f'(x)=f'(-x)$이다.
> (나) 함수 $f(x)$는 $x=1$에서 극솟값 0을 갖는다.

330 2009학년도 6월 평가원 가형 23번

모든 계수가 정수인 삼차함수 $y=f(x)$는 다음 조건을 만족시킨다.

> (가) 모든 실수 x에 대하여 $f(-x)=-f(x)$이다.
> (나) $f(1)=5$
> (다) $1<f'(1)<7$

함수 $y=f(x)$의 극댓값은 m이다. m^2의 값을 구하시오. [3점]

331 2021학년도 사관학교 나형 15번

최고차항의 계수가 1인 사차함수 $f(x)$가 다음 조건을 만족시킨다.

> (가) 모든 실수 x에 대하여 $f(-x)=f(x)$이다.
> (나) 함수 $f(x)$는 극댓값 7을 갖는다.

$f(1)=2$일 때, 함수 $f(x)$의 극솟값은? [4점]

① -6 ② -5 ③ -4
④ -3 ⑤ -2

332 2007년 7월 교육청 가형 22번

원점을 지나는 최고차항의 계수가 1인 사차함수 $y=f(x)$가 다음 두 조건을 만족한다.

> (가) $f(2+x)=f(2-x)$
> (나) $x=1$에서 극솟값을 갖는다.

이때, $f(x)$의 극댓값을 a라 할 때, a^2의 값을 구하시오. [4점]

유형 09 절댓값 기호를 포함한 함수의 극대·극소

333 2014학년도 6월 평가원 B형 16번

실수 t에 대하여 곡선 $y=x^3$ 위의 점 (t, t^3)과 직선 $y=x+6$ 사이의 거리를 $g(t)$라 하자. **보기**에서 옳은 것만을 있는 대로 고른 것은? [4점]

보기

ㄱ. 함수 $g(t)$는 실수 전체의 집합에서 연속이다.
ㄴ. 함수 $g(t)$는 0이 아닌 극솟값을 갖는다.
ㄷ. 함수 $g(t)$는 $t=2$에서 미분가능하다.

① ㄱ ② ㄷ ③ ㄱ, ㄴ
④ ㄴ, ㄷ ⑤ ㄱ, ㄴ, ㄷ

334 2023년 3월 교육청 9번

함수 $f(x)=|x^3-3x^2+p|$는 $x=a$와 $x=b$에서 극대이다. $f(a)=f(b)$일 때, 실수 p의 값은?

(단, a, b는 $a\neq b$인 상수이다.) [4점]

① $\frac{3}{2}$ ② 2 ③ $\frac{5}{2}$
④ 3 ⑤ $\frac{7}{2}$

335 2021년 10월 교육청 10번

최고차항의 계수가 1인 이차함수 $f(x)$와 3보다 작은 실수 a에 대하여 함수 $g(x)=|(x-a)f(x)|$가 $x=3$에서만 미분가능하지 않다. 함수 $g(x)$의 극댓값이 32일 때, $f(4)$의 값은?

[4점]

① 7 ② 9 ③ 11
④ 13 ⑤ 15

336 2020년 3월 교육청 나형 18번

$a>0$인 상수 a에 대하여 함수 $f(x)=|(x^2-9)(x+a)|$가 오직 한 개의 x 값에서만 미분가능하지 않을 때, 함수 $f(x)$의 극댓값은? [4점]

① 32 ② 34 ③ 36
④ 38 ⑤ 40

STEP C 수능 완성!

337 2016학년도 6월 평가원 A형 21번

자연수 n에 대하여 최고차항의 계수가 1이고 다음 조건을 만족시키는 삼차함수 $f(x)$의 극댓값을 a_n이라 하자.

> (가) $f(n)=0$
> (나) 모든 실수 x에 대하여 $(x+n)f(x)\geq 0$이다.

a_n이 자연수가 되도록 하는 n의 최솟값은? [4점]

① 1 ② 2 ③ 3 ④ 4 ⑤ 5

338 2012학년도 6월 평가원 나형 21번

그림과 같이 한 변의 길이가 1인 정사각형 ABCD의 두 대각선의 교점의 좌표는 (0, 1)이고, 한 변의 길이가 1인 정사각형 EFGH의 두 대각선의 교점은 곡선 $y=x^2$ 위에 있다. 두 정사각형의 내부의 공통부분의 넓이의 최댓값은?

(단, 정사각형의 모든 변은 x축 또는 y축에 평행하다.) [4점]

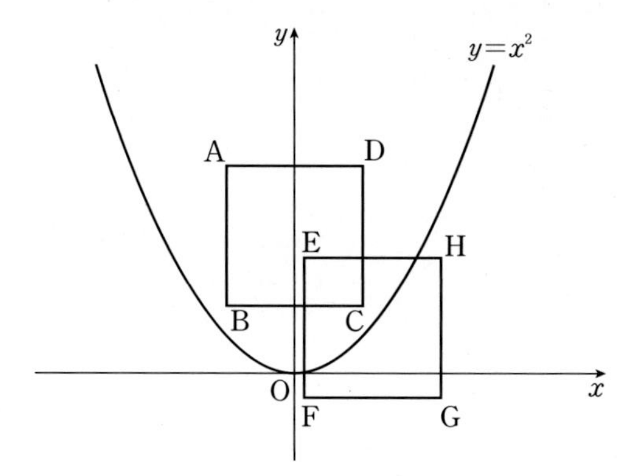

① $\frac{4}{27}$ ② $\frac{1}{6}$ ③ $\frac{5}{27}$ ④ $\frac{11}{54}$ ⑤ $\frac{2}{9}$

339 2018학년도 9월 평가원 나형 29번

두 삼차함수 $f(x)$와 $g(x)$가 모든 실수 x에 대하여

$$f(x)g(x)=(x-1)^2(x-2)^2(x-3)^2$$

을 만족시킨다. $g(x)$의 최고차항의 계수가 3이고, $g(x)$가 $x=2$에서 극댓값을 가질 때, $f'(0)=\frac{q}{p}$이다. $p+q$의 값을 구하시오. (단, p와 q는 서로소인 자연수이다.) [4점]

340 2015년 10월 교육청 A형 29번

함수 $f(x)=x^3+3x^2$에 대하여 다음 조건을 만족시키는 정수 a의 최댓값을 M이라 할 때, M^2의 값을 구하시오. [4점]

> (가) 점 $(-4,\ a)$를 지나고 곡선 $y=f(x)$에 접하는 직선이 세 개 있다.
> (나) 세 접선의 기울기의 곱은 음수이다.

341 2022학년도 수능 예시문항 22번

함수

$$f(x)=x^3-3px^2+q$$

가 다음 조건을 만족시키도록 하는 25 이하의 두 자연수 p, q의 모든 순서쌍 (p, q)의 개수를 구하시오. [4점]

> (가) 함수 $|f(x)|$가 $x=a$에서 극대 또는 극소가 되도록 하는 모든 실수 a의 개수는 5이다.
>
> (나) 닫힌구간 $[-1, 1]$에서 함수 $|f(x)|$의 최댓값과 닫힌구간 $[-2, 2]$에서 함수 $|f(x)|$의 최댓값은 같다.

342 2011학년도 9월 평가원 가형 16번

함수 $f(x)=-3x^4+4(a-1)x^3+6ax^2$ $(a>0)$과 실수 t에 대하여, $x \le t$에서 $f(x)$의 최댓값을 $g(t)$라 하자. 함수 $g(t)$가 실수 전체의 집합에서 미분가능하도록 하는 a의 최댓값은? [4점]

① 1 ② 2 ③ 3 ④ 4 ⑤ 5

> 정답과 해설 99쪽

343 2024년 3월 교육청 22번

함수 $f(x)=|x^3-3x+8|$과 실수 t에 대하여 닫힌구간 $[t,\ t+2]$에서의 $f(x)$의 최댓값을 $g(t)$라 하자. 서로 다른 두 실수 α, β에 대하여 함수 $g(t)$는 $t=\alpha$와 $t=\beta$에서만 미분가능하지 않다. $\alpha\beta=m+n\sqrt{6}$일 때, $m+n$의 값을 구하시오.

(단, m, n은 정수이다.) [4점]

344 2024학년도 6월 평가원 22번

정수 $a\,(a\neq 0)$에 대하여 함수 $f(x)$를

$$f(x)=x^3-2ax^2$$

이라 하자. 다음 조건을 만족시키는 모든 정수 k의 값의 곱이 -12가 되도록 하는 a에 대하여 $f'(10)$의 값을 구하시오.

[4점]

> 함수 $f(x)$에 대하여
>
> $$\left\{\frac{f(x_1)-f(x_2)}{x_1-x_2}\right\}\times\left\{\frac{f(x_2)-f(x_3)}{x_2-x_3}\right\}<0$$
>
> 을 만족시키는 세 실수 x_1, x_2, x_3이 열린구간 $\left(k,\ k+\frac{3}{2}\right)$에 존재한다.

05

06

도함수의 활용 (3)

개념 카드

실전 개념 1 방정식에의 활용

> 유형 01 ~ 03, 05 ~ 08

(1) **방정식의 실근의 개수**

① 방정식 $f(x)=0$의 서로 다른 실근의 개수는 함수 $y=f(x)$의 그래프와 x축의 교점의 개수와 같다.

② 방정식 $f(x)=g(x)$의 서로 다른 실근의 개수는 두 함수 $y=f(x)$, $y=g(x)$의 그래프의 교점의 개수와 같다.

(2) **삼차방정식의 근의 판별**

삼차함수 $f(x)$가 극값을 가질 때, 삼차방정식 $f(x)=0$의 근은 극값을 이용하여 다음과 같이 판별할 수 있다.

① (극댓값)×(극솟값)$<0 \Longleftrightarrow$ 서로 다른 세 실근

② (극댓값)×(극솟값)$=0 \Longleftrightarrow$ 한 실근과 중근 (서로 다른 두 실근)

③ (극댓값)×(극솟값)$>0 \Longleftrightarrow$ 한 실근과 두 허근

실전 개념 2 부등식에의 활용

> 유형 04

(1) 어떤 구간에서 부등식 $f(x)\ge 0$이 성립함을 보이려면

→ 그 구간에서 ($f(x)$의 최솟값)≥ 0임을 보인다.

(2) 어떤 구간에서 부등식 $f(x)\ge g(x)$가 성립함을 보이려면

→ $h(x)=f(x)-g(x)$로 놓고, 그 구간에서 ($h(x)$의 최솟값)≥ 0임을 보인다.

실전 개념 3 속도와 가속도

> 유형 09 ~ 12

(1) **속도와 가속도**

수직선 위를 움직이는 점 P의 시각 t에서의 위치 x가 $x=f(t)$일 때, 시각 t에서의 점 P의 속도 $v(t)$와 가속도 $a(t)$는

① **속도:** $v(t)=\dfrac{dx}{dt}=f'(t)$

② **가속도:** $a(t)=\dfrac{dv}{dt}=v'(t)$

(2) **시각에 대한 길이, 넓이, 부피의 변화율**

어떤 물체의 시각 t에서의 길이를 l, 넓이를 S, 부피를 V라 할 때, 시간이 Δt만큼 경과한 후 길이, 넓이, 부피가 각각 Δl, ΔS, ΔV만큼 변했다고 하면

① **시각 t에서의 길이 l의 변화율:** $\displaystyle\lim_{\Delta t\to 0}\frac{\Delta l}{\Delta t}=\frac{dl}{dt}$

② **시각 t에서의 넓이 S의 변화율:** $\displaystyle\lim_{\Delta t\to 0}\frac{\Delta S}{\Delta t}=\frac{dS}{dt}$

③ **시각 t에서의 부피 V의 변화율:** $\displaystyle\lim_{\Delta t\to 0}\frac{\Delta V}{\Delta t}=\frac{dV}{dt}$

유형 01 방정식에의 활용 (1); 방정식의 실근의 개수

345 2022학년도 수능(홀) 6번

방정식 $2x^3-3x^2-12x+k=0$이 서로 다른 세 실근을 갖도록 하는 정수 k의 개수는? [3점]

① 20　② 23　③ 26　④ 29　⑤ 32

346 2023학년도 9월 평가원 19번

방정식 $3x^4-4x^3-12x^2+k=0$이 서로 다른 4개의 실근을 갖도록 하는 자연수 k의 개수를 구하시오. [3점]

347 2021년 3월 교육청 8번

곡선 $y=x^3-3x^2-9x$와 직선 $y=k$가 서로 다른 세 점에서 만나도록 하는 정수 k의 최댓값을 M, 최솟값을 m이라 할 때, $M-m$의 값은? [3점]

① 27　② 28　③ 29　④ 30　⑤ 31

348 2021학년도 수능(홀) 나형 25번

곡선 $y=4x^3-12x+7$과 직선 $y=k$가 만나는 점의 개수가 2가 되도록 하는 양수 k의 값을 구하시오. [3점]

349 2020학년도 9월 평가원 나형 27번

곡선 $y=x^3-3x^2+2x-3$과 직선 $y=2x+k$가 서로 다른 두 점에서만 만나도록 하는 모든 실수 k의 값의 곱을 구하시오. [4점]

350 2016년 9월 교육청 가형 16번 (고2)

함수 $f(x)=\frac{1}{3}x^3+a$의 역함수를 $g(x)$라 하자. 두 함수 $y=f(x)$와 $y=g(x)$의 그래프가 서로 다른 두 점에서 만나도록 하는 모든 상수 a의 값의 곱은? [4점]

① $-\frac{25}{36}$ ② $-\frac{4}{9}$ ③ $-\frac{1}{4}$
④ $-\frac{1}{9}$ ⑤ $-\frac{1}{36}$

351 2016학년도 6월 평가원 A형 17번

두 함수

$$f(x)=3x^3-x^2-3x,\ g(x)=x^3-4x^2+9x+a$$

에 대하여 방정식 $f(x)=g(x)$가 서로 다른 두 개의 양의 실근과 한 개의 음의 실근을 갖도록 하는 모든 정수 a의 개수는? [4점]

① 6 ② 7 ③ 8
④ 9 ⑤ 10

352 2024학년도 6월 평가원 8번

두 곡선 $y=2x^2-1$, $y=x^3-x^2+k$가 만나는 점의 개수가 2가 되도록 하는 양수 k의 값은? [3점]

① 1 ② 2 ③ 3
④ 4 ⑤ 5

353 2021학년도 6월 평가원 나형 19번

방정식 $2x^3+6x^2+a=0$이 $-2\le x\le 2$에서 서로 다른 두 실근을 갖도록 하는 정수 a의 개수는? [4점]

① 4 ② 6 ③ 8
④ 10 ⑤ 12

354 2023학년도 수능(홀) 19번

방정식 $2x^3-6x^2+k=0$의 서로 다른 양의 실근의 개수가 2가 되도록 하는 정수 k의 개수를 구하시오. [3점]

355 2014년 10월 교육청 A형 27번

자연수 k에 대하여 삼차방정식 $x^3-12x+22-4k=0$의 양의 실근의 개수를 $f(k)$라 하자. $\sum_{k=1}^{10} f(k)$의 값을 구하시오. [4점]

356 2005학년도 6월 평가원 가형 21번

함수 $f(x)=2x^3-3x^2-12x-10$의 그래프를 y축의 방향으로 a만큼 평행이동시켰더니 함수 $y=g(x)$의 그래프가 되었다. 방정식 $g(x)=0$이 서로 다른 두 실근만을 갖도록 하는 모든 a의 값의 합을 구하시오. [3점]

> 정답과 해설 105쪽

357 2020년 10월 교육청 나형 28번

함수 $f(x)=2x^3-3(a+1)x^2+6ax$에 대하여 방정식 $f(x)=0$이 서로 다른 세 실근을 갖도록 하는 자연수 a의 값을 가장 작은 수부터 차례대로 나열할 때 n번째 수를 a_n이라 하자. $a=a_n$일 때, $f(x)$의 극댓값을 b_n이라 하자.
$\sum_{n=1}^{10}(b_n-a_n)$의 값을 구하시오. [4점]

358 2023년 11월 교육청 19번 (고2)

실수 k에 대하여 함수 $f(x)$는 $f(x)=x^3-6x^2+9x+k$이다. 자연수 n에 대하여 직선 $y=3n$과 함수 $y=f(x)$의 그래프가 만나는 점의 개수를 a_n이라 하자. $\sum_{n=1}^{4}a_n=7$을 만족시키는 모든 k의 값의 합은? [4점]

① 30 ② 33 ③ 36
④ 39 ⑤ 42

06

유형 02 방정식에의 활용 (2); 방정식의 실근의 개수로 정의된 함수

359 2016학년도 사관학교 A형 14번

실수 t에 대하여 x에 대한 방정식 $2x^3+ax^2+6x-3=t$의 서로 다른 실근의 개수를 $g(t)$라 하자. 함수 $g(t)$가 실수 전체의 집합에서 연속이 되도록 하는 정수 a의 개수는? [4점]

① 9 ② 10 ③ 11
④ 12 ⑤ 13

360 2017학년도 사관학교 나형 21번

함수 $f(x)=x^3+3x^2-9x$가 있다. 실수 t에 대하여 함수

$$g(x)=\begin{cases} f(x) & (x<a) \\ t-f(x) & (x\ge a) \end{cases}$$

가 실수 전체의 집합에서 연속이 되도록 하는 실수 a의 개수를 $h(t)$라 하자. 예를 들어 $h(0)=3$이다. $h(t)=3$을 만족시키는 모든 정수 t의 개수는? [4점]

① 55 ② 57 ③ 59
④ 61 ⑤ 63

361 2018학년도 9월 평가원 나형 20번

삼차함수 $f(x)$와 실수 t에 대하여 곡선 $y=f(x)$와 직선 $y=-x+t$의 교점의 개수를 $g(t)$라 하자. **보기**에서 옳은 것만을 있는 대로 고른 것은? [4점]

보기

ㄱ. $f(x)=x^3$이면 함수 $g(t)$는 상수함수이다.
ㄴ. 삼차함수 $f(x)$에 대하여, $g(1)=2$이면 $g(t)=3$인 t가 존재한다.
ㄷ. 함수 $g(t)$가 상수함수이면, 삼차함수 $f(x)$의 극값은 존재하지 않는다.

① ㄱ ② ㄷ ③ ㄱ, ㄴ
④ ㄴ, ㄷ ⑤ ㄱ, ㄴ, ㄷ

362 2015년 9월 교육청 가형 30번 (고2)

최고차항의 계수가 1이고 $f(0)=-20$인 삼차함수 $f(x)$가 있다. 실수 t에 대하여 직선 $y=t$와 함수 $y=f(x)$의 그래프가 만나는 점의 개수 $g(t)$는

$$g(t)=\begin{cases} 1 & (t<-4 \text{ 또는 } t>0) \\ 2 & (t=-4 \text{ 또는 } t=0) \\ 3 & (-4<t<0) \end{cases}$$

이다. $f(9)$의 값을 구하시오. [4점]

363 2017년 7월 교육청 나형 21번

실수 t에 대하여 x에 대한 사차방정식

$$(x-1)\{x^2(x-3)-t\}=0$$

의 서로 다른 실근의 개수를 $f(t)$라 하자. 다항함수 $g(x)$가 다음 조건을 만족시킨다.

> (가) $\lim_{x\to\infty}\frac{g(x)}{x^4}=0$
>
> (나) $g(-3)=6$

함수 $f(t)g(t)$가 실수 전체의 집합에서 연속일 때, $g(1)$의 값은? [4점]

① 22　② 24　③ 26　④ 28　⑤ 30

364 2015년 11월 교육청 나형 30번 (고2)

삼차함수 $f(x)$와 실수 t에 대하여 곡선 $y=f(x)$와 직선 $y=t$가 만나는 서로 다른 점의 개수를 $g(t)$라 하자. 함수 $f(x)$, $g(x)$는 다음 조건을 만족시킨다.

> (가) 함수 $g(x)$는 $x=0$, $x=6$에서 불연속이다.
>
> (나) 함수 $f(x)g(x)$는 모든 실수에서 연속이다.
>
> (다) $f(5)f(7)<0$

$f(-4)$의 값을 구하시오. [4점]

06

유형 03 방정식에의 활용 (3); 함수의 그래프 구하기

365 2012년 10월 교육청 가형 19번

그림과 같이 함수 $f(x)$의 도함수 $f'(x)$의 그래프가 y축에 대하여 대칭이고 $x>0$일 때 위로 볼록하다.

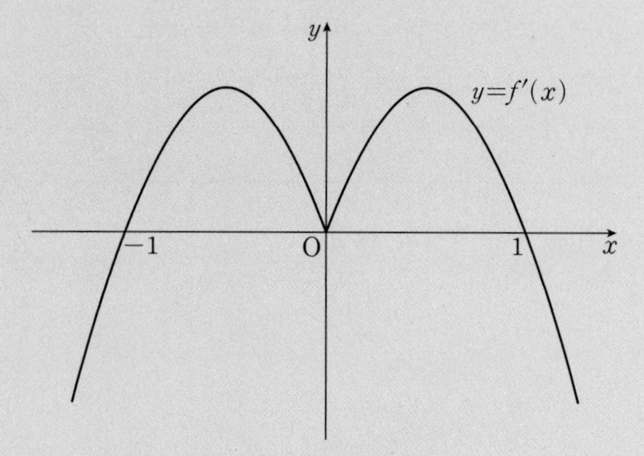

함수 $f(x)$에 대하여 옳은 것만을 **보기**에서 있는 대로 고른 것은? (단, $f'(-1)=f'(0)=f'(1)=0$) [4점]

보기

ㄱ. 함수 $f(x)$는 $x=0$에서 극값을 갖는다.

ㄴ. $f(0)=0$이면 함수 $f(x)$의 극댓값과 극솟값의 합은 0이다.

ㄷ. $f(1)<0$이면 방정식 $f(x)=0$은 오직 하나의 실근을 갖는다.

① ㄱ ② ㄴ ③ ㄷ
④ ㄱ, ㄴ ⑤ ㄴ, ㄷ

366 2015년 11월 교육청 가형 20번 (고2)

최고차항의 계수가 양수인 사차함수 $y=f(x)$의 도함수 $y=f'(x)$의 그래프가 그림과 같다.

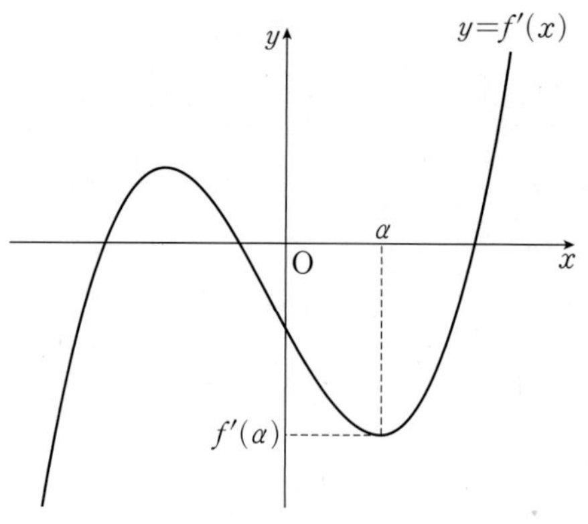

양수 α에 대하여 $f'(\alpha)>-2$이고 $f(0)=0$이다. 함수 $h(x)$를 $h(x)=f(x)+2x$라 할 때, **보기**에서 옳은 것만을 있는 대로 고른 것은? (단, 함수 $f'(x)$는 $x=\alpha$에서 극소이다.) [4점]

보기

ㄱ. $h'(\alpha)>0$

ㄴ. 함수 $y=h(x)$는 열린구간 $(0, \alpha)$에서 감소한다.

ㄷ. 방정식 $h(x)=0$은 서로 다른 두 실근을 갖는다.

① ㄱ ② ㄴ ③ ㄱ, ㄴ
④ ㄱ, ㄷ ⑤ ㄴ, ㄷ

367 2012학년도 6월 평가원 나형 19번

삼차함수 $f(x)$의 도함수의 그래프와 이차함수 $g(x)$의 도함수의 그래프가 그림과 같다. 함수 $h(x)$를 $h(x)=f(x)-g(x)$라 하자. $f(0)=g(0)$일 때, 옳은 것만을 **보기**에서 있는 대로 고른 것은? [4점]

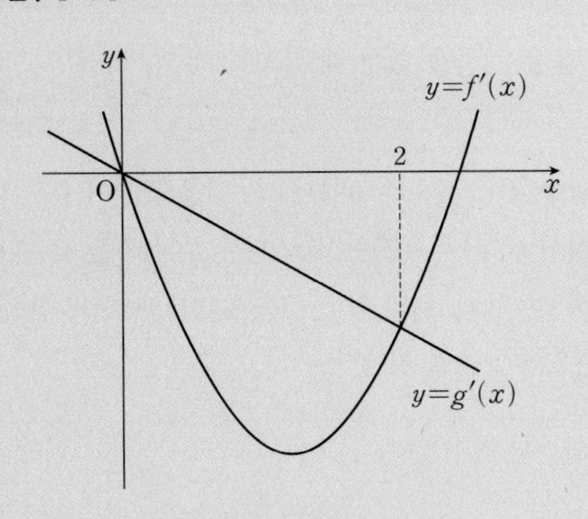

보기

ㄱ. $0<x<2$에서 $h(x)$는 감소한다.
ㄴ. $h(x)$는 $x=2$에서 극솟값을 갖는다.
ㄷ. 방정식 $h(x)=0$은 서로 다른 세 실근을 갖는다.

① ㄱ ② ㄴ ③ ㄱ, ㄴ
④ ㄱ, ㄷ ⑤ ㄱ, ㄴ, ㄷ

368 2016년 7월 교육청 나형 18번

그림과 같이 두 삼차함수 $f(x)$, $g(x)$의 도함수 $y=f'(x)$, $y=g'(x)$의 그래프가 만나는 서로 다른 두 점의 x좌표는 a, b $(0<a<b)$이다. 함수 $h(x)$를

$h(x)=f(x)-g(x)$

라 할 때, **보기**에서 옳은 것만을 있는 대로 고른 것은?
(단, $f'(0)=7$, $g'(0)=2$) [4점]

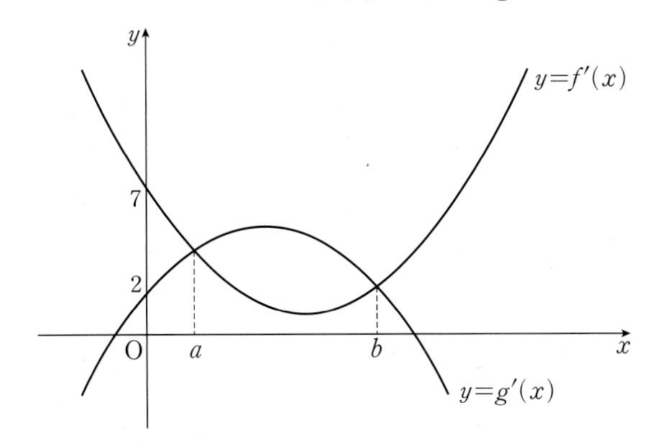

보기

ㄱ. 함수 $h(x)$는 $x=a$에서 극댓값을 갖는다.
ㄴ. $h(b)=0$이면 방정식 $h(x)=0$의 서로 다른 실근의 개수는 2이다.
ㄷ. $0<\alpha<\beta<b$인 두 실수 α, β에 대하여 $h(\beta)-h(\alpha)<5(\beta-\alpha)$이다.

① ㄱ ② ㄷ ③ ㄱ, ㄴ
④ ㄴ, ㄷ ⑤ ㄱ, ㄴ, ㄷ

06

369 2017학년도 6월 평가원 나형 21번

삼차함수 $f(x)$의 도함수 $y=f'(x)$의 그래프가 그림과 같을 때, **보기**에서 옳은 것만을 있는 대로 고른 것은? [4점]

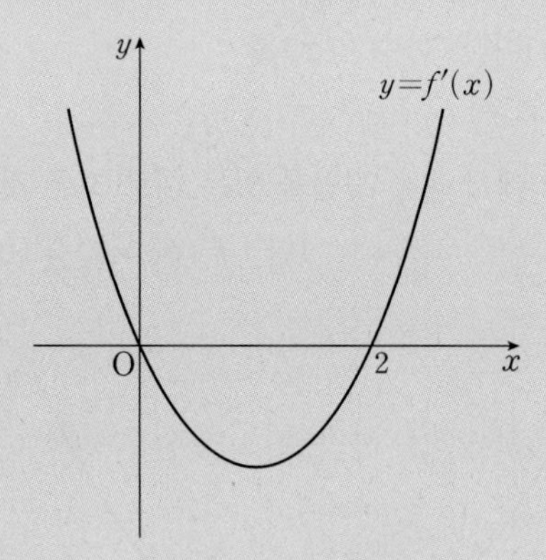

보기

ㄱ. $f(0)<0$이면 $|f(0)|<|f(2)|$이다.

ㄴ. $f(0)f(2)\geq 0$이면 함수 $|f(x)|$가 $x=a$에서 극소인 a의 값의 개수는 2이다.

ㄷ. $f(0)+f(2)=0$이면 방정식 $|f(x)|=f(0)$의 서로 다른 실근의 개수는 4이다.

① ㄱ ② ㄱ, ㄴ ③ ㄱ, ㄷ ④ ㄴ, ㄷ ⑤ ㄱ, ㄴ, ㄷ

370 2017학년도 9월 평가원 나형 20번

삼차함수 $f(x)$가 다음 조건을 만족시킨다.

(가) $x=-2$에서 극댓값을 갖는다.

(나) $f'(-3)=f'(3)$

보기에서 옳은 것만을 있는 대로 고른 것은? [4점]

보기

ㄱ. 도함수 $f'(x)$는 $x=0$에서 최솟값을 갖는다.

ㄴ. 방정식 $f(x)=f(2)$는 서로 다른 두 실근을 갖는다.

ㄷ. 곡선 $y=f(x)$ 위의 점 $(-1, f(-1))$에서의 접선은 점 $(2, f(2))$를 지난다.

① ㄱ ② ㄷ ③ ㄱ, ㄴ ④ ㄴ, ㄷ ⑤ ㄱ, ㄴ, ㄷ

> 정답과 해설 111쪽

유형 04 부등식에의 활용

371 2022년 3월 교육청 19번

모든 실수 x에 대하여 부등식

$$3x^4-4x^3-12x^2+k\geq 0$$

이 항상 성립하도록 하는 실수 k의 최솟값을 구하시오. [3점]

372 2022년 4월 교육청 19번

모든 실수 x에 대하여 부등식

$$x^4-4x^3+16x+a\geq 0$$

이 항상 성립하도록 하는 실수 a의 최솟값을 구하시오. [3점]

373 2023년 10월 교육청 8번

두 함수

$$f(x)=-x^4-x^3+2x^2,\ g(x)=\frac{1}{3}x^3-2x^2+a$$

가 있다. 모든 실수 x에 대하여 부등식

$$f(x)\leq g(x)$$

가 성립할 때, 실수 a의 최솟값은? [3점]

① 8　② $\frac{26}{3}$　③ $\frac{28}{3}$　④ 10　⑤ $\frac{32}{3}$

374 2017학년도 사관학교 나형 13번

모든 실수 x에 대하여 부등식

$$x^4-4x^3+12x\geq 2x^2+a$$

가 성립할 때, 실수 a의 최댓값은? [3점]

① -11　② -10　③ -9　④ -8　⑤ -7

375 2023학년도 6월 평가원 9번

두 함수

$$f(x)=x^3-x+6,\ g(x)=x^2+a$$

가 있다. $x\geq 0$인 모든 실수 x에 대하여 부등식

$$f(x)\geq g(x)$$

가 성립할 때, 실수 a의 최댓값은? [4점]

① 1 ② 2 ③ 3
④ 4 ⑤ 5

376 2020학년도 6월 평가원 나형 27번

두 함수

$$f(x)=x^3+3x^2-k,\ g(x)=2x^2+3x-10$$

에 대하여 부등식

$$f(x)\geq 3g(x)$$

가 닫힌구간 $[-1,\ 4]$에서 항상 성립하도록 하는 실수 k의 최댓값을 구하시오. [4점]

유형 05 방정식에의 활용 (4); 함수의 식 구하기

377 2019년 10월 교육청 나형 27번

최고차항의 계수가 1인 삼차함수 $f(x)$가 다음 조건을 만족시킬 때, $f(4)$의 값을 구하시오. [4점]

(가) $\lim_{x\to 0}\frac{f(x)-3}{x}=0$
(나) 곡선 $y=f(x)$와 직선 $y=-1$의 교점의 개수는 2이다.

378 2017년 10월 교육청 나형 20번

최고차항의 계수가 1인 삼차함수 $f(x)$가 다음 조건을 만족시킨다.

(가) $f'\left(\frac{11}{3}\right)<0$
(나) 함수 $f(x)$는 $x=2$에서 극댓값 35를 갖는다.
(다) 방정식 $f(x)=f(4)$는 서로 다른 두 실근을 갖는다.

$f(0)$의 값은? [4점]

① 12 ② 13 ③ 14
④ 15 ⑤ 16

> 정답과 해설 113쪽

379 2010학년도 9월 평가원 가형 24번

다음 조건을 만족시키는 모든 사차함수 $y=f(x)$의 그래프가 항상 지나는 점들의 y좌표의 합을 구하시오. [4점]

> (가) $f(x)$의 최고차항의 계수는 1이다.
> (나) 곡선 $y=f(x)$가 점 $(2,\ f(2))$에서 직선 $y=2$에 접한다.
> (다) $f'(0)=0$

380 2025학년도 6월 평가원 21번

최고차항의 계수가 1인 사차함수 $f(x)$가 다음 조건을 만족시킨다.

> (가) $f'(a)\le 0$인 실수 a의 최댓값은 2이다.
> (나) 집합 $\{x\,|\,f(x)=k\}$의 원소의 개수가 3 이상이 되도록 하는 실수 k의 최솟값은 $\frac{8}{3}$이다.

$f(0)=0,\ f'(1)=0$일 때, $f(3)$의 값을 구하시오. [4점]

유형 06 방정식에의 활용 (5); 절댓값을 포함한 함수

381 2012학년도 수능(홀) 나형 21번

최고차항의 계수가 1인 삼차함수 $f(x)$가 모든 실수 x에 대하여 $f(-x)=-f(x)$를 만족시킨다. 방정식 $|f(x)|=2$의 서로 다른 실근의 개수가 4일 때, $f(3)$의 값은? [4점]

① 12 ② 14 ③ 16
④ 18 ⑤ 20

382 2023년 10월 교육청 12번

양수 k에 대하여 함수 $f(x)$를

$$f(x)=|x^3-12x+k|$$

라 하자. 함수 $y=f(x)$의 그래프와 직선 $y=a\ (a\geq 0)$이 만나는 서로 다른 점의 개수가 홀수가 되도록 하는 실수 a의 값이 오직 하나일 때, k의 값은? [4점]

① 8 ② 10 ③ 12
④ 14 ⑤ 16

> 정답과 해설 115쪽

383 2021년 3월 교육청 14번

최고차항의 계수가 1인 삼차함수 $f(x)$에 대하여 함수 $g(x)$를

$$g(x)=f(x)+|f'(x)|$$

라 할 때, 두 함수 $f(x)$, $g(x)$가 다음 조건을 만족시킨다.

(가) $f(0)=g(0)=0$
(나) 방정식 $f(x)=0$은 양의 실근을 갖는다.
(다) 방정식 $|f(x)|=4$의 서로 다른 실근의 개수는 3이다.

$g(3)$의 값은? [4점]

① 9 ② 10 ③ 11
④ 12 ⑤ 13

384 2014년 7월 교육청 A형 21번

최고차항의 계수가 1이고 $f(0)<f(2)$인 사차함수 $f(x)$가 모든 실수 x에 대하여 $f(2+x)=f(2-x)$를 만족시킨다. 방정식 $f(|x|)=1$의 서로 다른 실근의 개수가 3일 때, 함수 $f(x)$의 극댓값은? [4점]

① 11 ② 13 ③ 15
④ 17 ⑤ 19

유형 07 방정식에의 활용 (6): 절댓값을 포함한 함수의 미분가능성

385 2016학년도 수능(홀) A형 21번

다음 조건을 만족시키는 모든 삼차함수 $f(x)$에 대하여 $\dfrac{f'(0)}{f(0)}$의 최댓값을 M, 최솟값을 m이라 하자. Mm의 값은? [4점]

> (가) 함수 $|f(x)|$는 $x=-1$에서만 미분가능하지 않다.
> (나) 방정식 $f(x)=0$은 닫힌구간 $[3,\ 5]$에서 적어도 하나의 실근을 갖는다.

① $\dfrac{1}{15}$ ② $\dfrac{1}{10}$ ③ $\dfrac{2}{15}$
④ $\dfrac{1}{6}$ ⑤ $\dfrac{1}{5}$

386 2022학년도 6월 평가원 14번

두 양수 p, q와 함수 $f(x)=x^3-3x^2-9x-12$에 대하여 실수 전체의 집합에서 연속인 함수 $g(x)$가 다음 조건을 만족시킬 때, $p+q$의 값은? [4점]

> (가) 모든 실수 x에 대하여 $xg(x)=|xf(x-p)+qx|$이다.
> (나) 함수 $g(x)$가 $x=a$에서 미분가능하지 않은 실수 a의 개수는 1이다.

① 6 ② 7 ③ 8
④ 9 ⑤ 10

정답과 해설 117쪽

387 2017년 11월 교육청 나형 21번 (고2)

최고차항의 계수가 1인 사차함수 $f(x)$가 있다. 실수 t에 대하여 함수 $|f(x)-t|$가 미분가능하지 않은 서로 다른 점의 개수를 $g(t)$라 할 때, 함수 $f(x)$, $g(t)$가 다음 조건을 만족시킨다.

> (가) 방정식 $f'(x)=0$의 실근은 1, 4뿐이다.
> (나) 함수 $g(t)$는 $t=2$와 $t=-25$에서만 불연속이다.
> (다) 방정식 $f(x)=0$은 4보다 큰 실근을 갖는다.

$f(-1)$의 값은? [4점]

① 41 ② 44 ③ 47 ④ 50 ⑤ 53

388 2015년 7월 교육청 A형 21번

최고차항의 계수가 1인 사차함수 $f(x)$에 대하여 함수 $g(x)=|f(x)|$가 다음 조건을 만족시킨다.

> (가) $g(x)$는 $x=1$에서 미분가능하고 $g(1)=g'(1)$이다.
> (나) $g(x)$는 $x=-1$, $x=0$, $x=1$에서 극솟값을 갖는다.

$g(2)$의 값은? [4점]

① 2 ② 4 ③ 6 ④ 8 ⑤ 10

유형 08 방정식에의 활용 (7): 구간별로 정의된 함수

389 2022년 7월 교육청 13번

최고차항의 계수가 1이고 $f(0)=\frac{1}{2}$인 삼차함수 $f(x)$에 대하여 함수 $g(x)$를

$$g(x)=\begin{cases} f(x) & (x<-2) \\ f(x)+8 & (x\geq -2) \end{cases}$$

라 하자. 방정식 $g(x)=f(-2)$의 실근이 2뿐일 때, 함수 $f(x)$의 극댓값은? [4점]

① 3 ② $\frac{7}{2}$ ③ 4

④ $\frac{9}{2}$ ⑤ 5

390 2022학년도 9월 평가원 20번

함수 $f(x)=\frac{1}{2}x^3-\frac{9}{2}x^2+10x$에 대하여 x에 대한 방정식

$$f(x)+|f(x)+x|=6x+k$$

의 서로 다른 실근의 개수가 4가 되도록 하는 모든 정수 k의 값의 합을 구하시오. [4점]

> 정답과 해설 119쪽

391 2024학년도 수능(홀) 14번

두 자연수 a, b에 대하여 함수 $f(x)$는

$$f(x)=\begin{cases} 2x^3-6x+1 & (x\le 2) \\ a(x-2)(x-b)+9 & (x>2) \end{cases}$$

이다. 실수 t에 대하여 함수 $y=f(x)$의 그래프와 직선 $y=t$가 만나는 점의 개수를 $g(t)$라 하자.

$$g(k)+\lim_{t\to k-} g(t)+\lim_{t\to k+} g(t)=9$$

를 만족시키는 실수 k의 개수가 1이 되도록 하는 두 자연수 a, b의 순서쌍 (a, b)에 대하여 $a+b$의 최댓값은? [4점]

① 51 ② 52 ③ 53 ④ 54 ⑤ 55

392 2024년 3월 교육청 14번

두 정수 a, b에 대하여 함수 $f(x)$는

$$f(x)=\begin{cases} x^2-2ax+\dfrac{a^2}{4}+b^2 & (x\le 0) \\ x^3-3x^2+5 & (x>0) \end{cases}$$

이다. 실수 t에 대하여 함수 $y=f(x)$의 그래프와 직선 $y=t$가 만나는 점의 개수를 $g(t)$라 하자. 함수 $g(t)$가 $t=k$에서 불연속인 실수 k의 개수가 2가 되도록 하는 두 정수 a, b의 모든 순서쌍 (a, b)의 개수는? [4점]

① 3 ② 4 ③ 5 ④ 6 ⑤ 7

06

유형 09 한 점의 속도와 가속도 (1)

393 2019년 7월 교육청 나형 25번

수직선 위를 움직이는 점 P의 시각 t $(t \geq 0)$에서의 위치 x가

$x=t^3-3t^2+at$ (a는 상수)

이다. 점 P의 시각 $t=3$에서의 속도가 15일 때, a의 값을 구하시오. [3점]

394 2015학년도 6월 평가원 A형 14번

수직선 위를 움직이는 점 P의 시각 t에서의 위치 x가

$x=-t^2+4t$

이다. $t=a$에서 점 P의 속도가 0일 때, 상수 a의 값은? [4점]

① 1　② 2　③ 3　④ 4　⑤ 5

395 2017년 10월 교육청 나형 12번

수직선 위를 움직이는 점 P의 시각 t $(t \geq 0)$에서의 속도 $v(t)$가

$v(t)=-t^2+10t$

이다. $t=a$에서의 점 P의 가속도가 0일 때, 상수 a의 값은? [3점]

① 4　② 5　③ 6　④ 7　⑤ 8

396 2019학년도 수능(홀) 나형 27번

수직선 위를 움직이는 점 P의 시각 t $(t \geq 0)$에서의 위치 x가

$x=-\frac{1}{3}t^3+3t^2+k$ (k는 상수)

이다. 점 P의 가속도가 0일 때 점 P의 위치는 40이다. k의 값을 구하시오. [4점]

유형 10 한 점의 속도와 가속도 (2): 운동 방향이 바뀌는 경우

397 2020년 10월 교육청 나형 11번

수직선 위를 움직이는 점 P의 시각 t $(t\geq0)$에서의 위치 x가

$$x=t^3+kt^2+kt \text{ (}k\text{는 상수)}$$

이다. 시각 $t=1$에서 점 P가 운동 방향을 바꿀 때, 시각 $t=2$에서 점 P의 가속도는? [3점]

① 4 ② 6 ③ 8
④ 10 ⑤ 12

398 2018학년도 6월 평가원 나형 17번

수직선 위를 움직이는 점 P의 시각 t $(t>0)$에서의 위치 x가

$$x=t^3-12t+k \text{ (}k\text{는 상수)}$$

이다. 점 P의 운동 방향이 원점에서 바뀔 때, k의 값은? [4점]

① 10 ② 12 ③ 14
④ 16 ⑤ 18

399 2019학년도 6월 평가원 나형 16번

수직선 위를 움직이는 점 P의 시각 t $(t\geq0)$에서의 위치 x가

$$x=t^3+at^2+bt \text{ (}a, b\text{는 상수)}$$

이다. 시각 $t=1$에서 점 P가 운동 방향을 바꾸고, 시각 $t=2$에서 점 P의 가속도는 0이다. $a+b$의 값은? [4점]

① 3 ② 4 ③ 5
④ 6 ⑤ 7

400 2019학년도 9월 평가원 나형 14번

수직선 위를 움직이는 점 P의 시각 t $(t\geq0)$에서의 위치 x가

$$x=t^3-5t^2+at+5$$

이다. 점 P가 움직이는 방향이 바뀌지 않도록 하는 자연수 a의 최솟값은? [4점]

① 9 ② 10 ③ 11
④ 12 ⑤ 13

유형 11 두 점의 속도

401 2020학년도 수능(홀) 나형 27번

수직선 위를 움직이는 두 점 P, Q의 시각 t ($t \geq 0$)에서의 위치 x_1, x_2가

$$x_1=t^3-2t^2+3t,\ x_2=t^2+12t$$

이다. 두 점 P, Q의 속도가 같아지는 순간 두 점 P, Q 사이의 거리를 구하시오. [4점]

402 2009학년도 6월 평가원 가형 18번

수직선 위를 움직이는 두 점 P, Q의 시각 t일 때의 위치는 각각 $P(t)=\frac{1}{3}t^3+4t-\frac{2}{3}$, $Q(t)=2t^2-10$이다. 두 점 P, Q의 속도가 같아지는 순간 두 점 P, Q 사이의 거리를 구하시오. [3점]

403 2013학년도 6월 평가원 나형 10번

수직선 위를 움직이는 두 점 P, Q의 시각 t일 때의 위치는 각각 $f(t)=2t^2-2t$, $g(t)=t^2-8t$이다. 두 점 P와 Q가 서로 반대방향으로 움직이는 시각 t의 범위는? [3점]

① $\frac{1}{2}<t<4$　② $1<t<5$　③ $2<t<5$　④ $\frac{3}{2}<t<6$　⑤ $2<t<8$

404 2005년 7월 교육청 가형 15번

원점 O를 동시에 출발하여 수직선 위를 움직이는 두 점 P, Q의 t분 후의 좌표를 각각 x_1, x_2라 하면

$$x_1=2t^3-9t^2,\ \ x_2=t^2+8t$$

이다. 선분 PQ의 중점을 M이라 할 때, 두 점 P, Q가 원점을 출발한 후 4분 동안 세 점 P, Q, M이 움직이는 방향을 바꾼 횟수를 각각 a, b, c라고 하자. 이때, $a+b+c$의 값은? [4점]

① 1　② 2　③ 3　④ 4　⑤ 5

유형 12 시각에 대한 변화율의 활용

405 2011년 7월 교육청 나형 24번

한 변의 길이가 $12\sqrt{3}$인 정삼각형과 그 정삼각형에 내접하는 원으로 이루어진 도형이 있다. 이 도형에서 정삼각형의 각 변의 길이가 매초 $3\sqrt{3}$씩 늘어남에 따라 원도 정삼각형에 내접하면서 반지름의 길이가 늘어난다. 정삼각형의 한 변의 길이가 $24\sqrt{3}$이 되는 순간, 정삼각형에 내접하는 원의 넓이의 시간(초)에 대한 변화율이 $a\pi$이다. 이때, 상수 a의 값을 구하시오.

[4점]

406 2008년 7월 교육청 가형 20번

그림과 같이 한 변의 길이가 20인 정사각형 ABCD에서 점 P는 A에서 출발하여 변 AB 위를 매초 2씩 움직여 B까지, 점 Q는 B에서 P와 동시에 출발하여 변 BC 위를 매초 3씩 움직여 C까지 간다. 이때, 사각형 DPBQ의 넓이가 정사각형 ABCD의 넓이의 $\frac{11}{20}$이 되는 순간의 삼각형 PBQ의 넓이의 시간(초)에 대한 순간변화율을 구하시오. [3점]

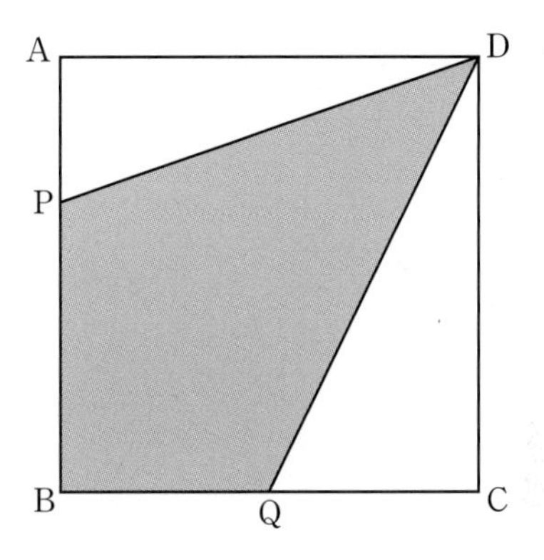

STEP C 수능 완성!

407 2015학년도 수능(홀) A형 21번

다음 조건을 만족시키는 모든 삼차함수 $f(x)$에 대하여 $f(2)$의 최솟값은? [4점]

> (가) $f(x)$의 최고차항의 계수는 1 이다.
> (나) $f(0)=f'(0)$
> (다) $x \geq -1$인 모든 실수 x에 대하여 $f(x) \geq f'(x)$이다.

① 28 ② 33 ③ 38
④ 43 ⑤ 48

408 2020년 3월 교육청 나형 21번

이차함수 $g(x)=x^2-6x+10$에 대하여 삼차함수 $f(x)$가 다음 조건을 만족시킨다.

> (가) 방정식 $f(x)=0$은 서로 다른 세 실근을 갖는다.
> (나) 함수 $(g \circ f)(x)$의 최솟값을 m이라 할 때, 방정식 $g(f(x))=m$의 서로 다른 실근의 개수는 2이다.
> (다) 방정식 $g(f(x))=17$은 서로 다른 세 실근을 갖는다.

함수 $f(x)$의 극댓값과 극솟값의 합은? [4점]

① 2 ② 4 ③ 6
④ 8 ⑤ 10

409 2020학년도 수능(홀) 나형 30번

최고차항의 계수가 양수인 삼차함수 $f(x)$가 다음 조건을 만족시킨다.

(가) 방정식 $f(x)-x=0$의 서로 다른 실근의 개수는 2이다. (나) 방정식 $f(x)+x=0$의 서로 다른 실근의 개수는 2이다.

$f(0)=0$, $f'(1)=1$일 때, $f(3)$의 값을 구하시오. [4점]

410 2021학년도 9월 평가원 나형 30번

삼차함수 $f(x)$가 다음 조건을 만족시킨다.

(가) $f(1)=f(3)=0$ (나) 집합 $\{x \mid x \geq 1$이고 $f'(x)=0\}$의 원소의 개수는 1이다.

상수 a에 대하여 함수 $g(x)=|f(x)f(a-x)|$가 실수 전체의 집합에서 미분가능할 때, $\dfrac{g(4a)}{f(0)\times f(4a)}$의 값을 구하시오.

[4점]

411 2018학년도 수능(홀) 나형 29번

두 실수 a와 k에 대하여 두 함수 $f(x)$와 $g(x)$는

$$f(x)=\begin{cases} 0 & (x\le a) \\ (x-1)^2(2x+1) & (x>a) \end{cases},$$

$$g(x)=\begin{cases} 0 & (x\le k) \\ 12(x-k) & (x>k) \end{cases}$$

이고, 다음 조건을 만족시킨다.

> (가) 함수 $f(x)$는 실수 전체의 집합에서 미분가능하다.
> (나) 모든 실수 x에 대하여 $f(x)\ge g(x)$이다.

k의 최솟값이 $\frac{q}{p}$일 때, $a+p+q$의 값을 구하시오.

(단, p와 q는 서로소인 자연수이다.) [4점]

412 2024학년도 수능(홀) 22번

최고차항의 계수가 1인 삼차함수 $f(x)$가 다음 조건을 만족시킨다.

> 함수 $f(x)$에 대하여
> $f(k-1)f(k+1)<0$
> 을 만족시키는 정수 k는 존재하지 않는다.

$f'\left(-\frac{1}{4}\right)=-\frac{1}{4}$, $f'\left(\frac{1}{4}\right)<0$일 때, $f(8)$의 값을 구하시오.

[4점]

> 정답과 해설 127쪽

413 2022학년도 9월 평가원 22번

최고차항의 계수가 1인 삼차함수 $f(x)$에 대하여 함수

$$g(x)=f(x-3)\times\lim_{h\to0+}\frac{|f(x+h)|-|f(x-h)|}{h}$$

가 다음 조건을 만족시킬 때, $f(5)$의 값을 구하시오. [4점]

> (가) 함수 $g(x)$는 실수 전체의 집합에서 연속이다.
> (나) 방정식 $g(x)=0$은 서로 다른 네 실근 α_1, α_2, α_3, α_4를 갖고 $\alpha_1+\alpha_2+\alpha_3+\alpha_4=7$이다.

414 2021학년도 6월 평가원 22번

삼차함수 $f(x)$가 다음 조건을 만족시킨다.

> (가) 방정식 $f(x)=0$의 서로 다른 실근의 개수는 2이다.
> (나) 방정식 $f(x-f(x))=0$의 서로 다른 실근의 개수는 3이다.

$f(1)=4$, $f'(1)=1$, $f'(0)>1$일 때, $f(0)=\frac{q}{p}$이다. $p+q$의 값을 구하시오. (단, p와 q는 서로소인 자연수이다.) [4점]

07

부정적분과 정적분의 계산

개념 카드

실전 개념 1 부정적분

> 유형 01, 02

(1) 부정적분

함수 $F(x)$의 도함수가 $f(x)$일 때, 즉 $F'(x)=f(x)$일 때 $F(x)$를 $f(x)$의 부정적분이라 한다.

→ $\int f(x)dx=F(x)+C$ (단, C는 적분상수)

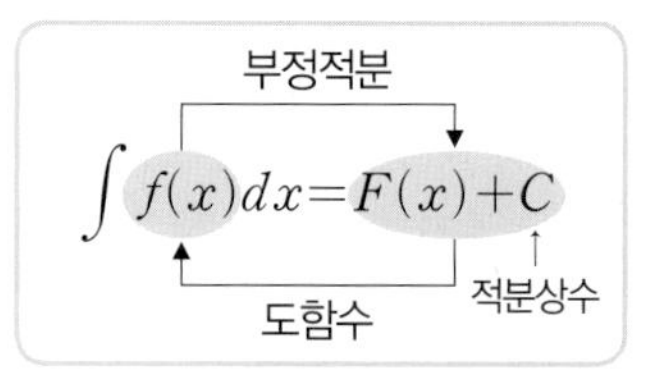

(2) 부정적분과 미분의 관계

① $\frac{d}{dx}\int f(x)dx=f(x)$

② $\int\left\{\frac{d}{dx}f(x)\right\}dx=f(x)+C$ (단, C는 적분상수)

(3) 함수 $y=x^n$의 부정적분

n이 음이 아닌 정수일 때, $\int x^n dx=\frac{1}{n+1}x^{n+1}+C$ (단, C는 적분상수)

실전 개념 2 정적분

> 유형 03 ~ 12

(1) 함수 $f(x)$가 두 실수 a, b를 포함하는 구간에서 연속일 때, $f(x)$의 한 부정적분을 $F(x)$라 하면 x의 값이 a에서 b까지 변할 때의 $F(x)$의 변화량 $F(b)-F(a)$를 함수 $f(x)$의 a에서 b까지의 정적분이라 한다.

→ $\int_a^b f(x)dx=\Big[F(x)\Big]_a^b=F(b)-F(a)$

(2) 함수 $f(x)$가 두 실수 a, b를 포함하는 구간에서 연속일 때

① $\int_a^a f(x)dx=0$

② $\int_a^b f(x)dx=-\int_b^a f(x)dx$

(3) **적분과 미분의 관계:** 함수 $f(t)$가 닫힌구간 $[a, b]$에서 연속일 때

$\frac{d}{dx}\int_a^x f(t)dt=f(x)$ (단, $a<x<b$)

실전 개념 3 정적분의 성질

> 유형 03 ~ 12

(1) 두 함수 $f(x)$, $g(x)$가 세 실수 a, b, c를 포함하는 구간에서 연속일 때

① $\int_a^b kf(x)dx=k\int_a^b f(x)dx$ (단, k는 실수)

② $\int_a^b \{f(x)\pm g(x)\}dx=\int_a^b f(x)dx\pm\int_a^b g(x)dx$ (복부호 동순)

③ $\int_a^c f(x)dx+\int_c^b f(x)dx=\int_a^b f(x)dx$

(2) 정적분 $\int_{-a}^a x^n dx$의 계산

① n이 짝수일 때, $\int_{-a}^a x^n dx=2\int_0^a x^n dx$

② n이 홀수일 때, $\int_{-a}^a x^n dx=0$

기본 다지고,

415 2024학년도 수능(홀) 5번

다항함수 $f(x)$가

$$f'(x)=3x(x-2),\ f(1)=6$$

을 만족시킬 때, $f(2)$의 값은? [3점]

① 1 ② 2 ③ 3
④ 4 ⑤ 5

416 2025학년도 6월 평가원 17번

함수 $f(x)$에 대하여 $f'(x)=6x^2+2$이고 $f(0)=3$일 때, $f(2)$의 값을 구하시오. [3점]

417 2012년 7월 교육청 나형 5번

함수 $f(x)=\int(x^2+2x)dx$일 때,

$\lim_{h\to 0}\frac{f(2+h)-f(2-h)}{h}$의 값은? [3점]

① 14 ② 16 ③ 18
④ 20 ⑤ 22

418 2020년 3월 교육청 나형 5번

$\int_5^2 2t\,dt-\int_5^0 2t\,dt$의 값은? [3점]

① -4 ② -2 ③ 0
④ 2 ⑤ 4

419 2015년 10월 교육청 A형 23번

$\int_0^{10}(x+1)^2dx-\int_0^{10}(x-1)^2dx$의 값을 구하시오. [3점]

420 2006년 10월 교육청 가형 18번

정적분 $\int_0^9\frac{x^3}{x+2}dx+\int_0^9\frac{8}{x+2}dx$의 값을 구하시오. [3점]

> 정답과 해설 132쪽

421 2018학년도 수능(홀) 나형 9번

$\int_{0}^{a}(3x^2-4)dx=0$을 만족시키는 양수 a의 값은? [3점]

① 2 ② $\frac{9}{4}$ ③ $\frac{5}{2}$

④ $\frac{11}{4}$ ⑤ 3

422 2016년 7월 교육청 나형 8번

$\int_{0}^{1}(ax^2+1)dx=4$일 때, 상수 a의 값은? [3점]

① 7 ② 9 ③ 11

④ 13 ⑤ 15

423 2007년 10월 교육청 가형 18번

$\int_{0}^{6}|2x-4|dx$의 값을 구하시오. [3점]

424 2017년 7월 교육청 나형 9번

$\int_{-2}^{2}(3x^2+2x+1)dx$의 값은? [3점]

① 12 ② 14 ③ 16

④ 18 ⑤ 20

425 2014학년도 수능(홀) A형 23번

실수 a에 대하여 $\int_{-a}^{a}(3x^2+2x)dx=\frac{1}{4}$일 때, $50a$의 값을 구하시오. [3점]

426 2012년 7월 교육청 가형 25번

$f(x)=3x^2+x+\int_{0}^{2}f(t)dt$를 만족시키는 함수 $f(x)$에 대하여 $f(2)$의 값을 구하시오. [3점]

STEP B 유형 & 유사로 익히면…

유형 01 부정적분의 계산

427 2022학년도 수능 예시문항 6번

다항함수 $f(x)$가

$$f'(x)=3x^2-kx+1,\ f(0)=f(2)=1$$

을 만족시킬 때, 상수 k의 값은? [3점]

① 5 ② 6 ③ 7 ④ 8 ⑤ 9

428 2016학년도 9월 평가원 A형 10번

함수 $f(x)$가

$$f(x)=\int\left(\frac{1}{2}x^3+2x+1\right)dx-\int\left(\frac{1}{2}x^3+x\right)dx$$

이고 $f(0)=1$일 때, $f(4)$의 값은? [3점]

① $\frac{23}{2}$ ② 12 ③ $\frac{25}{2}$ ④ 13 ⑤ $\frac{27}{2}$

429 2024년 5월 교육청 7번

다항함수 $f(x)$가 실수 전체의 집합에서 증가하고

$$f'(x)=\{3x-f(1)\}(x-1)$$

을 만족시킬 때, $f(2)$의 값은? [3점]

① 3 ② 4 ③ 5 ④ 6 ⑤ 7

430 2024학년도 9월 평가원 8번

다항함수 $f(x)$가

$$f'(x)=6x^2-2f(1)x,\ f(0)=4$$

를 만족시킬 때, $f(2)$의 값은? [3점]

① 5 ② 6 ③ 7 ④ 8 ⑤ 9

> 정답과 해설 134쪽

431 2012년 7월 교육청 나형 24번

곡선 $y=f(x)$ 위의 임의의 점 $\mathrm{P}(x,\ y)$에서의 접선의 기울기가 $3x^2-12$이고 함수 $f(x)$의 극솟값이 3일 때, 함수 $f(x)$의 극댓값을 구하시오. [3점]

432 2012년 4월 교육청 가형 13번

삼차함수 $y=f(x)$의 도함수 $y=f'(x)$의 그래프가 그림과 같다.

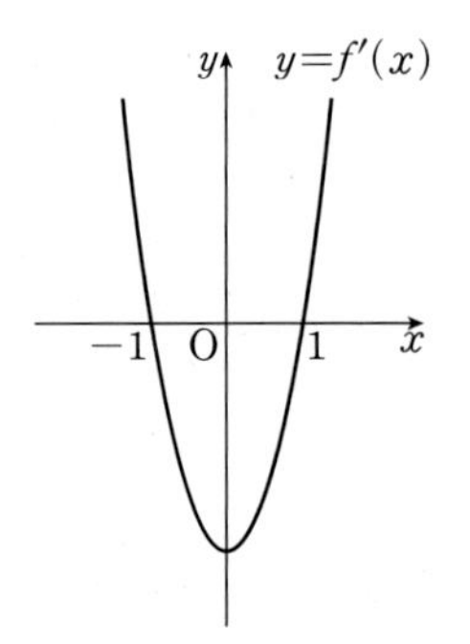

$f'(-1)=f'(1)=0$이고 함수 $f(x)$의 극댓값이 4, 극솟값이 0일 때, $f(3)$의 값은? [4점]

① 14 ② 16 ③ 18
④ 20 ⑤ 22

433 2021년 3월 교육청 18번

실수 전체의 집합에서 미분가능한 함수 $F(x)$의 도함수 $f(x)$가

$$f(x)=\begin{cases}-2x & (x<0)\\ k(2x-x^2) & (x\geq 0)\end{cases}$$

이다. $F(2)-F(-3)=21$일 때, 상수 k의 값을 구하시오. [3점]

434 2016년 10월 교육청 나형 21번

사차함수 $f(x)$의 도함수 $y=f'(x)$의 그래프가 그림과 같고, $f'(-\sqrt{2})=f'(0)=f'(\sqrt{2})=0$이다.

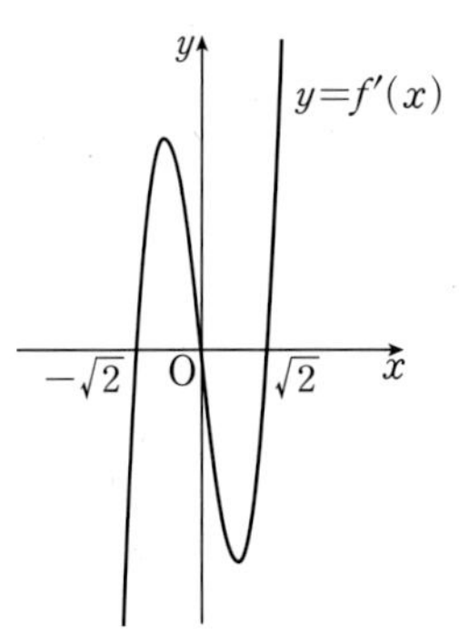

$f(0)=1$, $f(\sqrt{2})=-3$일 때, $f(m)f(m+1)<0$을 만족시키는 모든 정수 m의 값의 합은? [4점]

① -2 ② -1 ③ 0
④ 1 ⑤ 2

유형 02 부정적분과 미분의 관계

435 2018년 11월 교육청 가형 10번 (고2)

다항함수 $f(x)$가

$$\frac{d}{dx}\int\{f(x)-x^2+4\}dx=\int\frac{d}{dx}\{2f(x)-3x+1\}dx$$

를 만족시킨다. $f(1)=3$일 때, $f(0)$의 값은? [3점]

① -2　② -1　③ 0　④ 1　⑤ 2

436 2012년 7월 교육청 나형 25번

함수 $f(x)=\int\left\{\frac{d}{dx}(x^2-6x)\right\}dx$에 대하여 $f(x)$의 최솟값이 8일 때, $f(1)$의 값을 구하시오. [4점]

437 2022년 4월 교육청 18번

다항함수 $f(x)$의 한 부정적분 $F(x)$가 모든 실수 x에 대하여

$$F(x)=(x+2)f(x)-x^3+12x$$

를 만족시킨다. $F(0)=30$일 때, $f(2)$의 값을 구하시오. [3점]

438 2010년 7월 교육청 가형 12번

모든 실수 x에 대하여 이차함수 $y=f(x)$가 다음 조건을 만족한다.

(가) $f(0)=-2$
(나) $f(-x)=f(x)$
(다) $f(f'(x))=f'(f(x))$

함수 $F(x)=\int f(x)dx$가 감소하는 구간의 길이는? [3점]

① 4　② 5　③ 6　④ 7　⑤ 8

> 정답과 해설 136쪽

439 2016년 7월 교육청 나형 20번

두 다항함수 $f(x)$, $g(x)$가

$$f(x)=\int xg(x)dx,\ \frac{d}{dx}\{f(x)-g(x)\}=4x^3+2x$$

를 만족시킬 때, $g(1)$의 값은? [4점]

① 10 ② 11 ③ 12
④ 13 ⑤ 14

440 2013학년도 9월 평가원 나형 18번

이차함수 $f(x)$에 대하여 함수 $g(x)$가

$$g(x)=\int\{x^2+f(x)\}dx,\ f(x)g(x)=-2x^4+8x^3$$

을 만족시킬 때, $g(1)$의 값은? [4점]

① 1 ② 2 ③ 3
④ 4 ⑤ 5

441 2013년 7월 교육청 A형 21번

최고차항의 계수가 1인 삼차함수 $f(x)$가 $f(0)=0$, $f(\alpha)=0$, $f'(\alpha)=0$이고 함수 $g(x)$가 다음 두 조건을 만족시킬 때, $g\left(\frac{\alpha}{3}\right)$의 값은? (단, α는 양수이다.) [4점]

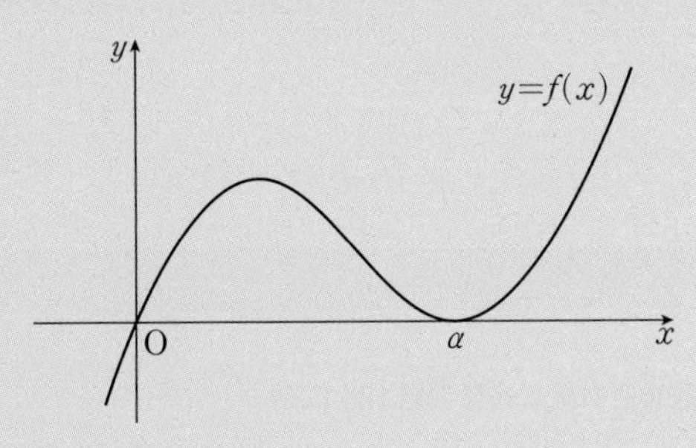

(가) $g'(x)=f(x)+xf'(x)$
(나) $g(x)$의 극댓값이 81이고 극솟값이 0이다.

① 56 ② 58 ③ 60
④ 62 ⑤ 64

442 2023학년도 사관학교 10번

사차함수 $f(x)$가 다음 조건을 만족시킬 때, $f(2)$의 값은? [4점]

(가) $f(0)=2$이고 $f'(4)=-24$이다.
(나) 부등식 $xf'(x)>0$을 만족시키는 모든 실수 x의 값의 범위는 $1<x<3$이다.

① 3 ② $\frac{10}{3}$ ③ $\frac{11}{3}$
④ 4 ⑤ $\frac{13}{3}$

유형 03 정적분의 정의와 성질

443 2012학년도 9월 평가원 나형 13번

모든 다항함수 $f(x)$에 대하여 옳은 것만을 **보기**에서 있는 대로 고른 것은? [4점]

보기

ㄱ. $\int_0^3 f(x)dx=3\int_0^1 f(x)dx$

ㄴ. $\int_0^1 f(x)dx=\int_0^2 f(x)dx+\int_2^1 f(x)dx$

ㄷ. $\int_0^1 \{f(x)\}^2dx=\left\{\int_0^1 f(x)dx\right\}^2$

① ㄴ ② ㄷ ③ ㄱ, ㄴ

④ ㄱ, ㄷ ⑤ ㄴ, ㄷ

444 2012년 10월 교육청 나형 10번

그림과 같이 삼차함수 $y=f(x)$가

$$f(-1)=f(1)=f(2)=0,\ f(0)=2$$

를 만족시킬 때, $\int_0^2 f'(x)dx$의 값은? [3점]

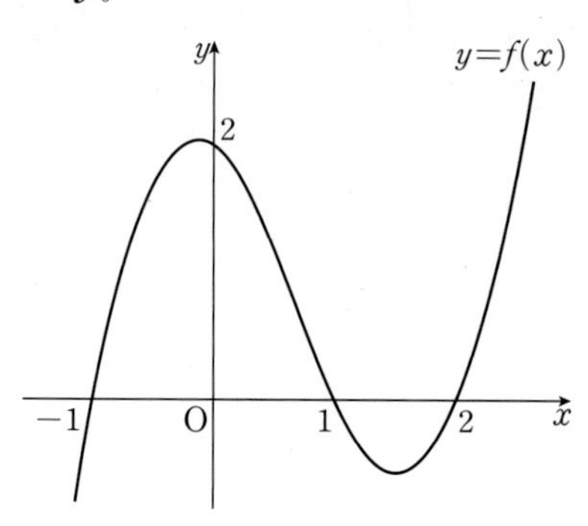

① -2 ② -1 ③ 0

④ 1 ⑤ 2

유형 04 정적분의 계산

445 2024년 3월 교육청 17번

$\int_0^2 (3x^2-2x+3)dx-\int_2^0 (2x+1)dx$의 값을 구하시오. [3점]

446 2016년 11월 교육청 가형 11번 (고2)

$\int_0^1 (4x-3)dx+\int_1^k (4x-3)dx=0$일 때, 양수 k의 값은? [3점]

① $\frac{3}{2}$ ② 2 ③ $\frac{5}{2}$

④ 3 ⑤ $\frac{7}{2}$

> 정답과 해설 139쪽

447 2016년 10월 교육청 나형 24번

함수 $y=4x^3-12x^2$의 그래프를 y축의 방향으로 k만큼 평행이동한 그래프를 나타내는 함수를 $y=f(x)$라 하자.

$\int_0^3 f(x)dx=0$을 만족시키는 상수 k의 값을 구하시오. [3점]

448 2018년 9월 교육청 가형 28번 (고2)

실수 전체의 집합에서 연속인 함수 $f(x)$가 다음 조건을 만족시킨다.

(가) 모든 정수 m에 대하여 $\int_m^{m+2} f(x)dx=4$이다.

(나) $0\le x\le 2$에서 $f(x)=x^3-6x^2+8x$이다.

$4\int_1^{10} f(x)dx$의 값을 구하시오. [4점]

449 2017년 10월 교육청 나형 16번

함수 $f(x)$를

$$f(x)=\begin{cases} 2x+2 & (x<0) \\ -x^2+2x+2 & (x\ge 0) \end{cases}$$

라 하자. 양의 실수 a에 대하여 $\int_{-a}^{a} f(x)dx$의 최댓값은?

[4점]

① 5 ② $\frac{16}{3}$ ③ $\frac{17}{3}$

④ 6 ⑤ $\frac{19}{3}$

450 2010학년도 수능(홀) 가형 24번

삼차함수 $f(x)=x^3-3x-1$이 있다. 실수 t $(t\ge -1)$에 대하여 $-1\le x\le t$에서 $|f(x)|$의 최댓값을 $g(t)$라고 하자.

$\int_{-1}^{1} g(t)dt=\frac{q}{p}$일 때, $p+q$의 값을 구하시오.

(단, p, q는 서로소인 자연수이다.) [4점]

유형 05 절댓값 기호를 포함한 함수의 정적분

451 2019학년도 수능(홀) 나형 25번

$\int_{1}^{4}(x+|x-3|)dx$의 값을 구하시오. [3점]

452 2008학년도 9월 평가원 가형 5번

$\int_{0}^{2}|x^2(x-1)|dx$의 값은? [3점]

① $\frac{3}{2}$ ② 2 ③ $\frac{5}{2}$

④ 3 ⑤ $\frac{7}{2}$

453 2018년 7월 교육청 나형 21번

함수

$f(x)=(x-1)|x-a|$

의 극댓값이 1일 때, $\int_{0}^{4}f(x)dx$의 값은?

(단, a는 상수이다.) [4점]

① $\frac{4}{3}$ ② $\frac{3}{2}$ ③ $\frac{5}{3}$

④ $\frac{11}{6}$ ⑤ 2

454 2021학년도 경찰대학 22번

두 함수 $f(x)=-x^2+4x$, $g(x)=2x-a$에 대하여 함수 $h(x)=\frac{1}{2}\{f(x)+g(x)+|f(x)-g(x)|\}$가 극솟값 3을 가질 때, $\int_{0}^{4}h(x)dx$의 값을 구하시오. (단, a는 상수이다.)

[4점]

유형 06 평행이동을 이용한 정적분

455 2006학년도 수능(홀) 가형 20번

함수 $f(x)=x^3$의 그래프를 x축 방향으로 a만큼, y축 방향으로 b만큼 평행이동시켰더니 함수 $y=g(x)$의 그래프가 되었다.

$$g(0)=0\text{이고 } \int_a^{3a} g(x)dx-\int_0^{2a} f(x)dx=32$$

일 때, a^4의 값을 구하시오. [3점]

456 2023학년도 경찰대학 5번

사차함수 $f(x)$는 $x=1$에서 극값 2를 갖고, $f(x)$가 x^3으로 나누어떨어질 때, $\int_0^2 f(x-1)dx$의 값은? [4점]

① $-\frac{12}{5}$ ② $-\frac{7}{5}$ ③ $-\frac{2}{5}$
④ $\frac{3}{5}$ ⑤ $\frac{8}{5}$

457 2019년 10월 교육청 나형 13번

그림은 모든 실수 x에 대하여 $f(-x)=-f(x)$인 연속함수 $y=f(x)$의 그래프와 함수 $y=f(x)$의 그래프를 x축의 방향으로 1만큼, y축의 방향으로 1만큼 평행이동시킨 함수 $y=g(x)$의 그래프이다. $\int_0^2 g(x)dx$의 값은? [3점]

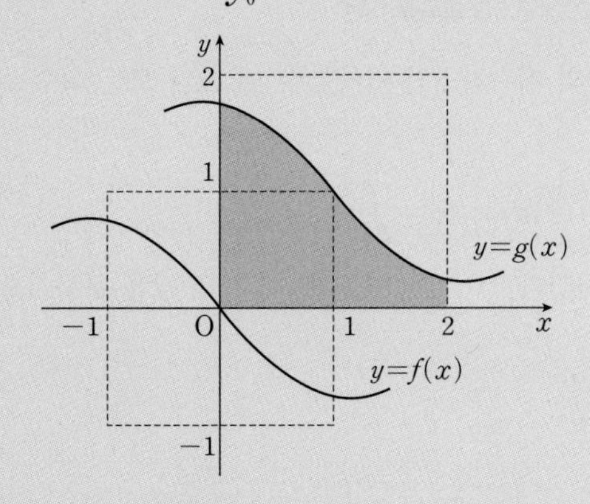

① $\frac{7}{4}$ ② 2 ③ $\frac{9}{4}$
④ $\frac{5}{2}$ ⑤ $\frac{11}{4}$

458 2007학년도 9월 평가원 가형 8번

양수 a에 대하여 삼차함수 $f(x)=-x(x+a)(x-a)$의 극대점의 x좌표를 b라 하자.

$$\int_{-b}^{a} f(x)dx=A,\ \int_b^{a+b} f(x-b)dx=B$$

일 때, $\int_{-b}^{a} |f(x)|dx$의 값은? [3점]

① $-A+2B$ ② $-2A+B$ ③ $-A+B$
④ $A+B$ ⑤ $A+2B$

유형 07 대칭성을 이용한 정적분

459 2013학년도 수능(홀) 나형 11번

함수 $f(x)=x+1$에 대하여

$$\int_{-1}^{1}\{f(x)\}^2dx=k\left(\int_{-1}^{1}f(x)dx\right)^2$$

일 때, 상수 k의 값은? [3점]

① $\frac{1}{6}$　② $\frac{1}{3}$　③ $\frac{1}{2}$

④ $\frac{2}{3}$　⑤ $\frac{5}{6}$

460 2022년 3월 교육청 17번

$\int_{-3}^{2}(2x^3+6|x|)dx-\int_{-3}^{-2}(2x^3-6x)dx$의 값을 구하시오. [3점]

461 2024학년도 수능(홀) 8번

삼차함수 $f(x)$가 모든 실수 x에 대하여

$$xf(x)-f(x)=3x^4-3x$$

를 만족시킬 때, $\int_{-2}^{2}f(x)dx$의 값은? [3점]

① 12　② 16　③ 20

④ 24　⑤ 28

462 2024년 5월 교육청 18번

최고차항의 계수가 3인 이차함수 $f(x)$가 모든 실수 x에 대하여

$$\int_{0}^{x}f(t)dt=2x^3+\int_{0}^{-x}f(t)dt$$

를 만족시킨다. $f(1)=5$일 때, $f(2)$의 값을 구하시오. [3점]

463 2020년 7월 교육청 나형 14번

다항함수 $f(x)$가 다음 조건을 만족시킨다.

(가) $\lim_{x\to\infty}\frac{f(x)+f(-x)}{x^2}=3$

(나) $f(0)=-1$

$\int_{-3}^{3}f(x)dx$의 값은? [4점]

① 13 ② 15 ③ 17 ④ 19 ⑤ 21

464 2016학년도 수능(홀) A형 20번

두 다항함수 $f(x)$, $g(x)$가 모든 실수 x에 대하여

$f(-x)=-f(x)$, $g(-x)=g(x)$

를 만족시킨다. 함수 $h(x)=f(x)g(x)$에 대하여

$\int_{-3}^{3}(x+5)h'(x)dx=10$

일 때, $h(3)$의 값은? [4점]

① 1 ② 2 ③ 3 ④ 4 ⑤ 5

465 2012년 7월 교육청 나형 19번

정수 a, b, c에 대하여 함수 $f(x)=x^4+ax^3+bx^2+cx+10$이 다음 두 조건을 모두 만족시킨다.

(가) 모든 실수 α에 대하여 $\int_{-\alpha}^{\alpha}f(x)dx=2\int_{0}^{\alpha}f(x)dx$

(나) $-6<f'(1)<-2$

이때, 함수 $y=f(x)$의 극솟값은? [4점]

① 5 ② 6 ③ 7 ④ 8 ⑤ 9

466 2020학년도 경찰대학 14번

최고차항의 계수가 1인 삼차함수 $f(x)$와 양수 a가 다음 조건을 만족할 때, a의 값은? [4점]

(가) 모든 실수 t에 대하여 $\int_{a-t}^{a+t}f(x)dx=0$이다.

(나) $f(a)=f(0)$

(다) $\int_{0}^{a}f(x)dx=144$

① $2\sqrt{6}$ ② $3\sqrt{6}$ ③ $4\sqrt{6}$ ④ $5\sqrt{6}$ ⑤ $6\sqrt{6}$

유형 08 주기성을 이용한 정적분

467 2015학년도 수능(홀) A형 20번

함수 $f(x)$는 모든 실수 x에 대하여 $f(x+3)=f(x)$를 만족시키고,

$$f(x)=\begin{cases} x & (0\le x<1) \\ 1 & (1\le x<2) \\ -x+3 & (2\le x<3) \end{cases}$$

이다. $\int_{-a}^{a} f(x)dx=13$일 때, 상수 a의 값은? [4점]

① 10 ② 12 ③ 14 ④ 16 ⑤ 18

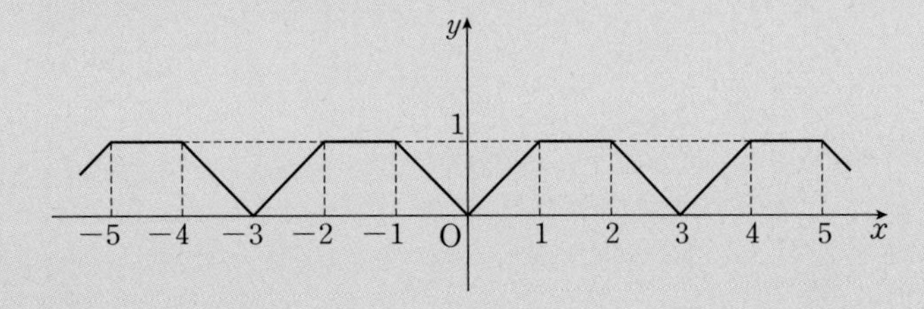

468 2014년 7월 교육청 A형 29번

연속함수 $f(x)$가 모든 실수 x에 대하여 다음 조건을 만족시킨다.

> (가) $f(-x)=f(x)$
> (나) $f(x+2)=f(x)$
> (다) $\int_{-1}^{1}(2x+3)f(x)dx=15$

$\int_{-6}^{10} f(x)dx$의 값을 구하시오. [4점]

469 2016학년도 사관학교 A형 17번

실수 전체의 집합에서 연속인 함수 $f(x)$가 다음 조건을 만족시킨다.

> (가) $f(x)=ax^2\ (0\le x<2)$
> (나) 모든 실수 x에 대하여 $f(x+2)=f(x)+2$이다.

$\int_{1}^{7} f(x)dx$의 값은? (단, a는 상수이다.) [4점]

① 20 ② 21 ③ 22 ④ 23 ⑤ 24

470 2024년 7월 교육청 12번

두 상수 a, b에 대하여 실수 전체의 집합에서 미분가능한 함수 $f(x)$가 다음 조건을 만족시킨다.

> (가) $0\le x<4$일 때, $f(x)=x^3+ax^2+bx$이다.
> (나) 모든 실수 x에 대하여 $f(x+4)=f(x)+16$이다.

$\int_{4}^{7} f(x)dx$의 값은? [4점]

① $\frac{255}{4}$ ② $\frac{261}{4}$ ③ $\frac{267}{4}$ ④ $\frac{273}{4}$ ⑤ $\frac{279}{4}$

> 정답과 해설 146쪽

471 2022학년도 6월 평가원 11번

닫힌구간 [0, 1]에서 연속인 함수 $f(x)$가

$$f(0)=0,\ f(1)=1,\ \int_{0}^{1} f(x)dx=\frac{1}{6}$$

을 만족시킨다. 실수 전체의 집합에서 정의된 함수 $g(x)$가 다음 조건을 만족시킬 때, $\int_{-3}^{2} g(x)dx$의 값은? [4점]

> (가) $g(x)=\begin{cases} -f(x+1)+1 & (-1<x<0) \\ f(x) & (0\le x\le 1) \end{cases}$
>
> (나) 모든 실수 x에 대하여 $g(x+2)=g(x)$이다.

① $\frac{5}{2}$　② $\frac{17}{6}$　③ $\frac{19}{6}$　④ $\frac{7}{2}$　⑤ $\frac{23}{6}$

472 2020년 7월 교육청 나형 28번

모든 실수 x에 대하여 $f(x)\ge 0$, $f(x+3)=f(x)$이고 $\int_{-1}^{2} \{f(x)+x^2-1\}^2 dx$의 값이 최소가 되도록 하는 연속함수 $f(x)$에 대하여 $\int_{-1}^{26} f(x)dx$의 값을 구하시오. [4점]

유형 09 정적분을 포함한 부등식이 성립할 조건

473 2022학년도 수능 예시문항 12번

$0<a<b$인 모든 실수 a, b에 대하여

$$\int_{a}^{b}(x^3-3x+k)dx>0$$

이 성립하도록 하는 실수 k의 최솟값은? [4점]

① 1 ② 2 ③ 3 ④ 4 ⑤ 5

→ **474** 2022학년도 경찰대학 15번

실수 p에 대하여 곡선 $y=x^3-x^2$과 직선 $y=px-1$의 교점의 x좌표 중 가장 작은 값을 m이라 하자. $m<a<b$인 모든 실수 a, b에 대하여

$$\int_{a}^{b}(x^3-x^2-px+1)dx>0$$

이 되도록 하는 m의 최솟값은? [4점]

① $-\frac{1}{2}$ ② -1 ③ $-\frac{3}{2}$ ④ -2 ⑤ $-\frac{5}{2}$

> 정답과 해설 148쪽

유형 10 정적분으로 정의된 함수: 아래끝과 위끝이 상수일 때

475 2021학년도 6월 평가원 나형 17번

함수 $f(x)$가 모든 실수 x에 대하여

$$f(x)=4x^3+x\int_0^1 f(t)dt$$

를 만족시킬 때, $f(1)$의 값은? [4점]

① 6 ② 7 ③ 8 ④ 9 ⑤ 10

476 2013년 7월 교육청 A형 12번

함수 $f(x)$가 $f(x)=x^2-2x+\int_0^1 tf(t)dt$를 만족시킬 때, $f(3)$의 값은? [3점]

① $\frac{13}{6}$ ② $\frac{5}{2}$ ③ $\frac{17}{6}$ ④ $\frac{19}{6}$ ⑤ $\frac{7}{2}$

477 2020년 3월 교육청 가형 16번

함수 $f(x)$가 모든 실수 x에 대하여

$$f(x)=x^3-4x\int_0^1 |f(t)|dt$$

를 만족시킨다. $f(1)>0$일 때, $f(2)$의 값은? [4점]

① 6 ② 7 ③ 8 ④ 9 ⑤ 10

478 2020년 10월 교육청 나형 16번

다항함수 $f(x)$의 한 부정적분 $g(x)$가 다음 조건을 만족시킨다.

(가) $f(x)=2x+2\int_0^1 g(t)dt$

(나) $g(0)-\int_0^1 g(t)dt=\frac{2}{3}$

$g(1)$의 값은? [4점]

① -2 ② $-\frac{5}{3}$ ③ $-\frac{4}{3}$ ④ -1 ⑤ $-\frac{2}{3}$

유형 11 함수의 식 구하기 (1)

479 2018년 7월 교육청 나형 17번

최고차항의 계수가 1이고 $f(0)=0$인 삼차함수 $f(x)$가 다음 조건을 만족시킨다.

> (가) $f(2)=f(5)$
> (나) 방정식 $f(x)-p=0$의 서로 다른 실근의 개수가 2가 되게 하는 실수 p의 최댓값은 $f(2)$이다.

$\int_0^2 f(x)dx$의 값은? [4점]

① 25　② 28　③ 31　④ 34　⑤ 37

480 2022년 7월 교육청 9번

최고차항의 계수가 1인 삼차함수 $f(x)$가

$$\int_0^1 f'(x)dx=\int_0^2 f'(x)dx=0$$

을 만족시킬 때, $f'(1)$의 값은? [4점]

① -4　② -3　③ -2　④ -1　⑤ 0

481 2012학년도 수능(홀) 나형 19번

이차함수 $f(x)$는 $f(0)=-1$이고,

$$\int_{-1}^1 f(x)dx=\int_0^1 f(x)dx=\int_{-1}^0 f(x)dx$$

를 만족시킨다. $f(2)$의 값은? [4점]

① 11　② 10　③ 9　④ 8　⑤ 7

482 2016학년도 수능(홀) A형 29번

이차함수 $f(x)$가 $f(0)=0$이고 다음 조건을 만족시킨다.

> (가) $\int_0^2 |f(x)|dx=-\int_0^2 f(x)dx=4$
> (나) $\int_2^3 |f(x)|dx=\int_2^3 f(x)dx$

$f(5)$의 값을 구하시오. [4점]

유형 12 함수의 식 구하기 (2)

483 2015년 9월 교육청 가형 19번 (고2)

곡선 $f(x)=x^3-6x^2+9x$와 직선 $g(x)=mx$가 서로 다른 세 점 O$(0, 0)$, A$(a, f(a))$, B$(b, f(b))$에서 만나고 $\int_0^b \{f(x)-g(x)\}dx=0$일 때, $\int_a^b \{g(x)\}^2dx$의 값은?

(단, $0<a<b$) [4점]

① 18 ② $\frac{56}{3}$ ③ $\frac{58}{3}$
④ 20 ⑤ $\frac{62}{3}$

484 2015년 7월 교육청 A형 29번

최고차항의 계수가 1이고 다음 조건을 만족시키는 모든 삼차함수 $f(x)$에 대하여 $\int_0^3 f(x)dx$의 최솟값을 m이라 할 때, $4m$의 값을 구하시오. [4점]

> (가) $f(0)=0$
> (나) 모든 실수 x에 대하여 $f'(2-x)=f'(2+x)$이다.
> (다) 모든 실수 x에 대하여 $f'(x)\ge-3$이다.

485 2023년 7월 교육청 11번

최고차항의 계수가 1인 삼차함수 $f(x)$가 다음 조건을 만족시킨다.

> (가) 모든 실수 x에 대하여 $f(1+x)+f(1-x)=0$이다.
> (나) $\int_{-1}^3 f'(x)dx=12$

$f(4)$의 값은? [4점]

① 24 ② 28 ③ 32
④ 36 ⑤ 40

486 2016년 9월 교육청 가형 27번 (고2)

최고차항의 계수가 1인 두 사차함수 $f(x)$, $g(x)$가 다음 조건을 만족시킨다.

> (가) 두 함수 $y=f(x)$와 $y=g(x)$의 그래프가 만나는 세 점의 x좌표는 각각 -1, 0, 2이다.
> (나) $\int_0^2 f(x)dx=4$, $\int_0^2 g(x)dx=12$

$f(3)-g(3)$의 값을 구하시오. [4점]

487 2022학년도 수능(홀) 20번

실수 전체의 집합에서 미분가능한 함수 $f(x)$가 다음 조건을 만족시킨다.

> (가) 닫힌구간 $[0, 1]$에서 $f(x)=x$이다.
> (나) 어떤 상수 a, b에 대하여 구간 $[0, \infty)$에서
> $f(x+1)-xf(x)=ax+b$이다.

$60\times\int_{1}^{2} f(x)dx$의 값을 구하시오. [4점]

488 2021년 7월 교육청 15번

최고차항의 계수가 1인 사차함수 $f(x)$의 도함수 $f'(x)$에 대하여 방정식 $f'(x)=0$의 서로 다른 세 실근
α, 0, β $(\alpha<0<\beta)$가 이 순서대로 등차수열을 이룰 때, 함수 $f(x)$는 다음 조건을 만족시킨다.

> (가) 방정식 $f(x)=9$는 서로 다른 세 실근을 가진다.
> (나) $f(\alpha)=-16$

함수 $g(x)=|f'(x)|-f'(x)$에 대하여 $\int_{0}^{10} g(x)dx$의 값은? [4점]

① 48 ② 50 ③ 52 ④ 54 ⑤ 56

> 정답과 해설 153쪽

489 2014년 7월 교육청 B형 29번

연속함수 $f(x)$가 모든 실수 x에 대하여 다음 조건을 만족시킨다.

(가) $f(-x)=f(x)$
(나) $f(x+2)=f(x)$
(다) $\int_{-1}^{1}(x+2)^2f(x)dx=50$, $\int_{-1}^{1}x^2f(x)dx=2$

$\int_{-3}^{3}x^2f(x)dx$의 값을 구하시오. [4점]

490 2020학년도 9월 평가원 나형 21번

함수 $f(x)=x^3+x^2+ax+b$에 대하여 함수 $g(x)$를

$$g(x)=f(x)+(x-1)f'(x)$$

라 하자. **보기**에서 옳은 것만을 있는 대로 고른 것은?

(단, a, b는 상수이다.) [4점]

보기

ㄱ. 함수 $h(x)$가 $h(x)=(x-1)f(x)$이면 $h'(x)=g(x)$이다.
ㄴ. 함수 $f(x)$가 $x=-1$에서 극값 0을 가지면 $\int_{0}^{1}g(x)dx=-1$이다.
ㄷ. $f(0)=0$이면 방정식 $g(x)=0$은 열린구간 $(0, 1)$에서 적어도 하나의 실근을 갖는다.

① ㄱ ② ㄴ ③ ㄱ, ㄴ
④ ㄱ, ㄷ ⑤ ㄱ, ㄴ, ㄷ

07

491 2021학년도 9월 평가원 나형 20

실수 전체의 집합에서 연속인 두 함수 $f(x)$와 $g(x)$가 모든 실수 x에 대하여 다음 조건을 만족시킨다.

(가) $f(x) \geq g(x)$
(나) $f(x)+g(x)=x^2+3x$
(다) $f(x)g(x)=(x^2+1)(3x-1)$

$\int_0^2 f(x)dx$의 값은? [4점]

① $\frac{23}{6}$ ② $\frac{13}{3}$ ③ $\frac{29}{6}$
④ $\frac{16}{3}$ ⑤ $\frac{35}{6}$

492 2023년 3월 교육청 20번

최고차항의 계수가 1이고 $f(0)=1$인 삼차함수 $f(x)$와 양의 실수 p에 대하여 함수 $g(x)$가 다음 조건을 만족시킨다.

(가) $g'(0)=0$
(나) $g(x)=\begin{cases} f(x-p)-f(-p) & (x<0) \\ f(x+p)-f(p) & (x \geq 0) \end{cases}$

$\int_0^p g(x)dx=20$일 때, $f(5)$의 값을 구하시오. [4점]

493 2020년 7월 교육청 나형 20번

두 다항함수 $f(x)$, $g(x)$가 다음 조건을 만족시킨다.

(가) $f'(x)=x^2-4x$, $g'(x)=-2x$
(나) 함수 $y=f(x)$의 그래프와 함수 $y=g(x)$의 그래프는 서로 다른 두 점에서만 만난다.

보기에서 옳은 것만을 있는 대로 고른 것은? [4점]

보기

ㄱ. 두 함수 $f(x)$와 $g(x)$는 모두 $x=0$에서 극대이다.
ㄴ. $\{f(0)-g(0)\}\times\{f(2)-g(2)\}=0$
ㄷ. 모든 실수 x에 대하여 $\int_{-1}^{x}\{f(t)-g(t)\}dt\geq 0$이면 $\int_{-1}^{1}\{f(x)-g(x)\}dx=2$이다.

① ㄱ　② ㄱ, ㄴ　③ ㄱ, ㄷ
④ ㄴ, ㄷ　⑤ ㄱ, ㄴ, ㄷ

494 2025학년도 6월 평가원 15번

최고차항의 계수가 1인 삼차함수 $f(x)$와 상수 $k\ (k\geq 0)$에 대하여 함수

$$g(x)=\begin{cases}2x-k & (x\leq k)\\ f(x) & (x>k)\end{cases}$$

가 다음 조건을 만족시킨다.

(가) 함수 $g(x)$는 실수 전체의 집합에서 증가하고 미분가능하다.
(나) 모든 실수 x에 대하여
$\int_{0}^{x}g(t)\{|t(t-1)|+t(t-1)\}dt\geq 0$이고
$\int_{3}^{x}g(t)\{|(t-1)(t+2)|-(t-1)(t+2)\}dt\geq 0$이다.

$g(k+1)$의 최솟값은? [4점]

① $4-\sqrt{6}$　② $5-\sqrt{6}$　③ $6-\sqrt{6}$
④ $7-\sqrt{6}$　⑤ $8-\sqrt{6}$

07

08

정적분으로 정의된 함수

개념 카드

실전 개념 1 정적분으로 정의된 함수의 미분

> 유형 01 ~ 08

(1) 정적분으로 정의된 함수의 미분

① $\dfrac{d}{dx}\displaystyle\int_a^x f(t)dt=f(x)$ (단, a는 실수)

② $\dfrac{d}{dx}\displaystyle\int_x^{x+a} f(t)dt=f(x+a)-f(x)$ (단, a는 실수)

(2) 정적분으로 정의된 함수에서 $f(x)$ 구하기

$\displaystyle\int_a^x f(t)dt=g(x)$ (a는 상수) 꼴의 등식이 주어질 때

(i) 양변에 $x=a$를 대입한다. → $\displaystyle\int_a^a f(t)dt=g(a)=0$

(ii) 양변을 x에 대하여 미분한다. → $f(x)=g'(x)$

실전 개념 2 정적분으로 정의된 함수의 극한

> 유형 05

함수 $f(t)$의 한 부정적분을 $F(t)$라 하면 $F'(t)=f(t)$이므로

(1) $\displaystyle\lim_{x\to0}\frac{1}{x}\int_0^x f(t)dt=\lim_{x\to0}\frac{F(x)-F(0)}{x-0}=F'(0)=f(0)$

(2) $\displaystyle\lim_{x\to a}\frac{1}{x-a}\int_a^x f(t)dt=\lim_{x\to a}\frac{F(x)-F(a)}{x-a}=F'(a)=f(a)$

(3) $\displaystyle\lim_{x\to0}\frac{1}{x}\int_a^{x+a} f(t)dt=\lim_{x\to0}\frac{F(x+a)-F(a)}{x}=F'(a)=f(a)$

STEP B 유형 & 유사로 익히면…

유형 01 정적분으로 정의된 함수 (1)

495 2018학년도 9월 평가원 나형 8번

함수 $f(x)=\int_{1}^{x}(t-2)(t-3)dt$에 대하여 $f'(4)$의 값은? [3점]

① 1 ② 2 ③ 3 ④ 4 ⑤ 5

496 2016학년도 9월 평가원 A형 25번

함수 $f(x)$가

$$f(x)=\int_{0}^{x}(2at+1)dt$$

이고 $f'(2)=17$일 때, 상수 a의 값을 구하시오. [3점]

497 2017년 7월 교육청 나형 25번

함수 $f(x)=\int_{0}^{x}(3t^2+5)dt$에 대하여 $\lim_{x \to 2}\frac{f(x)-f(2)}{x-2}$의 값을 구하시오. [3점]

498 2012학년도 수능(홀) 나형 9번

함수 $F(x)=\int_{0}^{x}(t^3-1)dt$에 대하여 $F'(2)$의 값은? [3점]

① 11 ② 9 ③ 7 ④ 5 ⑤ 3

499 2019학년도 수능(홀) 나형 14번

다항함수 $f(x)$가 모든 실수 x에 대하여

$$\int_{1}^{x}\left\{\frac{d}{dt}f(t)\right\}dt=x^3+ax^2-2$$

를 만족시킬 때, $f'(a)$의 값은? (단, a는 상수이다.) [4점]

① 1 ② 2 ③ 3 ④ 4 ⑤ 5

500 2020년 4월 교육청 나형 16번

다항함수 $f(x)$가 모든 실수 x에 대하여

$$3xf(x)=9\int_{1}^{x}f(t)dt+2x$$

를 만족시킬 때, $f'(1)$의 값은? [4점]

① -2 ② -1 ③ 0 ④ 1 ⑤ 2

유형 02 정적분으로 정의된 함수 [2]

501 2023년 3월 교육청 4번

다항함수 $f(x)$가 모든 실수 x에 대하여

$$\int_1^x f(t)dt = x^3 - ax + 1$$

을 만족시킬 때, $f(2)$의 값은? (단, a는 상수이다.) [3점]

① 8 ② 10 ③ 12
④ 14 ⑤ 16

502 2018년 10월 교육청 나형 25번

다항함수 $f(x)$가 모든 실수 x에 대하여

$$\int_a^x f(t)dt = \frac{1}{3}x^3 - 9$$

를 만족시킬 때, $f(a)$의 값을 구하시오. (단, a는 실수이다.) [3점]

503 2014년 10월 교육청 A형 24번

모든 실수 x에 대하여 함수 $f(x)$는 다음 조건을 만족시킨다.

$$\int_{12}^x f(t)dt = -x^3 + x^2 + \int_0^1 xf(t)dt$$

$\int_0^1 f(x)dx$의 값을 구하시오. [3점]

504 2014학년도 9월 평가원 A형 28번

다항함수 $f(x)$에 대하여

$$\int_0^x f(t)dt = x^3 - 2x^2 - 2x\int_0^1 f(t)dt$$

일 때, $f(0) = a$라 하자. $60a$의 값을 구하시오. [4점]

유형 03 정적분으로 정의된 함수 (3)

505 2013학년도 경찰대학 14번

다음을 만족시키는 미분가능한 함수 $f(x)$에 대하여 $f(1)$의 값은?

$$\int_{1}^{x}(x-t)f(t)dt=x^4+ax^2-10x+6$$

① 18 ② 21 ③ 24
④ 27 ⑤ 30

506 2020학년도 사관학교 나형 27번

다항함수 $f(x)$가 모든 실수 x에 대하여

$$\int_{1}^{x}(2x-1)f(t)dt=x^3+ax+b$$

일 때, $40\times f(1)$의 값을 구하시오. (단, a, b는 상수이다.) [4점]

유형 04 정적분으로 정의된 함수의 활용

507 2022학년도 9월 평가원 11번

다항함수 $f(x)$가 모든 실수 x에 대하여

$$xf(x)=2x^3+ax^2+3a+\int_{1}^{x}f(t)dt$$

를 만족시킨다. $f(1)=\int_{0}^{1}f(t)dt$일 때, $a+f(3)$의 값은? (단, a는 상수이다.) [4점]

① 5 ② 6 ③ 7
④ 8 ⑤ 9

508 2025학년도 9월 평가원 15번

두 다항함수 $f(x)$, $g(x)$는 모든 실수 x에 대하여 다음 조건을 만족시킨다.

> (가) $\int_{1}^{x}tf(t)dt+\int_{-1}^{x}tg(t)dt=3x^4+8x^3-3x^2$
> (나) $f(x)=xg'(x)$

$\int_{0}^{3}g(x)dx$의 값은? [4점]

① 72 ② 76 ③ 80
④ 84 ⑤ 88

509 2022학년도 경찰대학 23번

최고차항의 계수가 1인 이차함수 $f(x)$에 대하여 함수 $g(x)$는

$$g(x)=\int_{-1}^{x} f(t)dt$$

이다. $\lim_{x\to 1}\frac{g(x)}{x-1}=2$일 때, $f(4)$의 값을 구하시오. [4점]

510 2023년 10월 교육청 20번

다항함수 $f(x)$가 모든 실수 x에 대하여

$$2x^2f(x)=3\int_{0}^{x}(x-t)\{f(x)+f(t)\}dt$$

를 만족시킨다. $f'(2)=4$일 때, $f(6)$의 값을 구하시오. [4점]

511 2020년 3월 교육청 나형 20번

최고차항의 계수가 1인 삼차함수 $f(x)$에 대하여 함수 $g(x)$를

$$g(x)=\int_{0}^{x} f(t)dt+f(x)$$

라 할 때, 함수 $g(x)$는 다음 조건을 만족시킨다.

> (가) 함수 $g(x)$는 $x=0$에서 극댓값 0을 갖는다.
> (나) 함수 $g(x)$의 도함수 $y=g'(x)$의 그래프는 원점에 대하여 대칭이다.

$f(2)$의 값은? [4점]

① -5　② -4　③ -3　④ -2　⑤ -1

512 2020학년도 수능(홀) 나형 28번

다항함수 $f(x)$가 다음 조건을 만족시킨다.

> (가) 모든 실수 x에 대하여
> $\int_{1}^{x} f(t)dt=\frac{x-1}{2}\{f(x)+f(1)\}$이다.
> (나) $\int_{0}^{2} f(x)dx=5\int_{-1}^{1} xf(x)dx$

$f(0)=1$일 때, $f(4)$의 값을 구하시오. [4점]

유형 05 정적분으로 정의된 함수의 극한

513 2023년 11월 교육청 24번 (고2)

함수 $f(x)=x^3+2x^2+2$에 대하여 $\lim_{x\to1}\frac{1}{x-1}\int_1^x f'(t)dt$의 값을 구하시오. [3점]

514 2012년 10월 교육청 나형 26번

$\lim_{x\to2}\frac{1}{x^2-4}\int_2^x (t^2+3t-2)dt$의 값을 구하시오. [3점]

515 2023년 4월 교육청 9번

함수 $f(x)$에 대하여 $f'(x)=3x^2-4x+1$이고 $\lim_{x\to0}\frac{1}{x}\int_0^x f(t)dt=1$일 때, $f(2)$의 값은? [4점]

① 3 ② 4 ③ 5
④ 6 ⑤ 7

516 2012년 7월 교육청 나형 13번

다항함수 $f(x)$가 $\lim_{x\to1}\frac{\int_1^x f(t)dt-f(x)}{x^2-1}=2$를 만족할 때, $f'(1)$의 값은? [4점]

① -4 ② -3 ③ -2
④ -1 ⑤ 0

517 2010년 7월 교육청 가형 16번

두 함수 $f(x)=x^2-4x$와 $y=g(x)$가 임의의 실수 h에 대하여 $g(x+h)-g(x)=\int_x^{x+h} f(t)dt$일 때, 방정식 $g(x)=0$의 모든 근의 합은? [3점]

① 6 ② 5 ③ 4
④ 3 ⑤ 2

518 2013학년도 사관학교 문과 13번

그림과 같이 최고차항의 계수가 양수인 이차함수 $y=f(x)$의 그래프가 x축과 두 점 $(0, 0)$, $(3, 0)$에서 만날 때, 함수

$$S(x)=\int_1^x f(t)dt$$

의 극댓값과 극솟값을 각각 M, m이라 하자. $M-m=6$일 때, $\lim_{x\to1}\frac{S(x)}{x-1}$의 값은? [3점]

① $-\frac{8}{3}$ ② $-\frac{7}{3}$ ③ -2
④ $-\frac{5}{3}$ ⑤ $-\frac{4}{3}$

519 2019학년도 사관학교 나형 28번

삼차함수 $f(x)$가 다음 조건을 만족시킬 때, $f(3)$의 값을 구하시오. [4점]

(가) $\lim_{x\to-2}\frac{1}{x+2}\int_{-2}^{x} f(t)dt=12$

(나) $\lim_{x\to\infty} xf\left(\frac{1}{x}\right)+\lim_{x\to0}\frac{f(x+1)}{x}=1$

520 2022년 4월 교육청 13번

다항함수 $f(x)$가

$$\lim_{x\to2}\frac{1}{x-2}\int_1^x (x-t)f(t)dt=3$$

을 만족시킬 때, $\int_1^2 (4x+1)f(x)dx$의 값은? [4점]

① 15 ② 18 ③ 21
④ 24 ⑤ 27

유형 06 정적분으로 정의된 함수의 그래프의 개형 (1)

521 2015년 10월 교육청 A형 14번

함수 $f(x)=x(x+2)(x+4)$에 대하여 함수

$g(x)=\int_{2}^{x} f(t)dt$는 $x=\alpha$에서 극댓값을 갖는다. $g(\alpha)$의 값은? [4점]

① -28 ② -29 ③ -30

④ -31 ⑤ -32

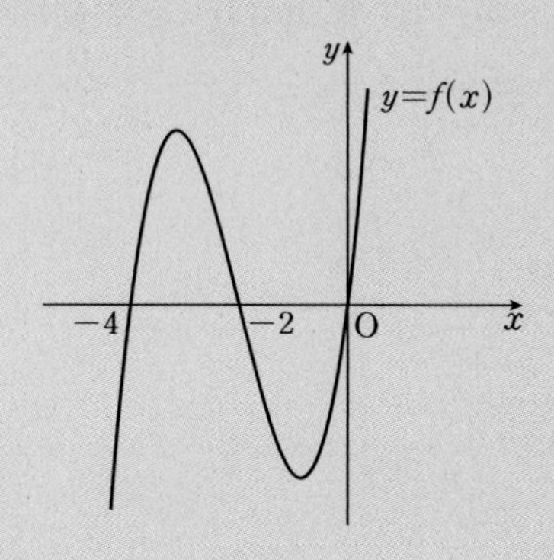

522 2024학년도 사관학교 10번

함수

$$f(x)=\int_{a}^{x} (3t^2+bt-5)dt \ (a>0)$$

이 $x=-1$에서 극값 0을 가질 때, $a+b$의 값은?

(단, a, b는 상수이다.) [4점]

① 1 ② $\frac{4}{3}$ ③ $\frac{5}{3}$

④ 2 ⑤ $\frac{7}{3}$

> 정답과 해설 165쪽

523 2014년 7월 교육청 A형 10번

양수 a, b에 대하여 함수 $f(x)=\int_0^x (t-a)(t-b)dt$가 다음 조건을 만족시킬 때, $a+b$의 값은? [4점]

> (가) 함수 $f(x)$는 $x=\frac{1}{2}$에서 극값을 갖는다.
>
> (나) $f(a)-f(b)=\frac{1}{6}$

① 1 ② 2 ③ 3
④ 4 ⑤ 5

524 2023학년도 6월 평가원 20번

최고차항의 계수가 2인 이차함수 $f(x)$에 대하여 함수 $g(x)=\int_x^{x+1} |f(t)|dt$는 $x=1$과 $x=4$에서 극소이다. $f(0)$의 값을 구하시오. [4점]

525 2009학년도 9월 평가원 가형 10번

함수 $f(x)=\begin{cases} -1 & (x<1) \\ -x+2 & (x\geq 1) \end{cases}$ 에 대하여 함수 $g(x)$를

$$g(x)=\int_{-1}^{x}(t-1)f(t)dt$$

라 하자. **보기**에서 옳은 것만을 있는 대로 고른 것은? [4점]

보기

ㄱ. $g(x)$는 구간 $(1, 2)$에서 증가한다.

ㄴ. $g(x)$는 $x=1$에서 미분가능하다.

ㄷ. 방정식 $g(x)=k$가 서로 다른 세 실근을 갖도록 하는 실수 k가 존재한다.

① ㄴ ② ㄷ ③ ㄱ, ㄴ

④ ㄱ, ㄷ ⑤ ㄱ, ㄴ, ㄷ

526 2024년 3월 교육청 12번

실수 a에 대하여 함수 $f(x)$는

$$f(x)=\begin{cases} 3x^2+3x+a & (x<0) \\ 3x+a & (x\geq 0) \end{cases}$$

이다. 함수

$$g(x)=\int_{-4}^{x}f(t)dt$$

가 $x=2$에서 극솟값을 가질 때, 함수 $g(x)$의 극댓값은? [4점]

① 18 ② 20 ③ 22

④ 24 ⑤ 26

유형 07 정적분으로 정의된 함수의 그래프의 개형 (2)

527 2013학년도 수능(홀) 나형 21번

삼차함수 $f(x)=x^3-3x+a$에 대하여 함수

$$F(x)=\int_0^x f(t)dt$$

가 오직 하나의 극값을 갖도록 하는 양수 a의 최솟값은? [4점]

① 1 ② 2 ③ 3
④ 4 ⑤ 5

528 2021학년도 9월 평가원 나형 28번

함수 $f(x)=-x^2-4x+a$에 대하여 함수

$$g(x)=\int_0^x f(t)dt$$

가 닫힌구간 $[0, 1]$에서 증가하도록 하는 실수 a의 최솟값을 구하시오. [4점]

529 2020년 10월 교육청 나형 20번

최고차항의 계수가 4인 삼차함수 $f(x)$에 대하여 함수 $g(x)$를

$$g(x)=\int_0^x f(t)dt-xf(x)$$

라 하자. 모든 실수 x에 대하여 $g(x)\le g(3)$이고 함수 $g(x)$는 오직 1개의 극값만 가진다. $\int_0^1 g'(x)dx$의 값은? [4점]

① 8 ② 9 ③ 10
④ 11 ⑤ 12

530 2017년 9월 교육청 가형 15번 (고2)

최고차항의 계수가 1인 삼차함수 $f(x)$에 대하여 함수 $g(x)$를

$$g(x)=\int_2^x (t-2)f'(t)dt$$

라 하자. 함수 $g(x)$가 $x=0$에서만 극값을 가질 때, $g(0)$의 값은? [4점]

① -2 ② $-\frac{5}{2}$ ③ -3
④ $-\frac{7}{2}$ ⑤ -4

> 정답과 해설 168쪽

531 2022년 7월 교육청 20번

최고차항의 계수가 3인 이차함수 $f(x)$에 대하여 함수

$$g(x)=x^2\int_0^x f(t)dt-\int_0^x t^2f(t)dt$$

가 다음 조건을 만족시킨다.

> (가) 함수 $g(x)$는 극값을 갖지 않는다.
> (나) 방정식 $g'(x)=0$의 모든 실근은 0, 3이다.

$\int_0^3 |f(x)|dx$의 값을 구하시오. [4점]

532 2024학년도 6월 평가원 20번

최고차항의 계수가 1인 이차함수 $f(x)$에 대하여 함수

$$g(x)=\int_0^x f(t)dt$$

가 다음 조건을 만족시킬 때, $f(9)$의 값을 구하시오. [4점]

> $x\geq1$인 모든 실수 x에 대하여
> $g(x)\geq g(4)$이고 $|g(x)|\geq|g(3)|$이다.

533 2021학년도 수능(홀) 나형 20번

실수 $a\ (a>1)$에 대하여 함수 $f(x)$를

$$f(x)=(x+1)(x-1)(x-a)$$

라 하자. 함수

$$g(x)=x^2\int_0^x f(t)dt-\int_0^x t^2 f(t)dt$$

가 오직 하나의 극값을 갖도록 하는 a의 최댓값은? [4점]

① $\frac{9\sqrt{2}}{8}$ ② $\frac{3\sqrt{6}}{4}$ ③ $\frac{3\sqrt{2}}{2}$

④ $\sqrt{6}$ ⑤ $2\sqrt{2}$

534 2022학년도 6월 평가원 20번

실수 a와 함수 $f(x)=x^3-12x^2+45x+3$에 대하여 함수

$$g(x)=\int_a^x \{f(x)-f(t)\}\times\{f(t)\}^4 dt$$

가 오직 하나의 극값을 갖도록 하는 모든 a의 값의 합을 구하시오. [4점]

> 정답과 해설 169쪽

유형 08 정적분으로 정의된 함수의 그래프의 개형 (3)

535 2024학년도 경찰대학 10번

함수

$$f(x)=\begin{cases} 2(x-2) & (x<2) \\ 4(x-2) & (x\geq 2) \end{cases}$$

와 실수 t에 대하여 함수 $g(t)$를

$$g(t)=\int_{t-1}^{t+2}|f(x)|dx$$

라 하자. $g(t)$가 $t=a$에서 최솟값 b를 가질 때, $a+b$의 값은? [4점]

① 6 ② 7 ③ 8 ④ 9 ⑤ 10

536 2017학년도 9월 평가원 나형 29번

구간 $[0, 8]$에서 정의된 함수 $f(x)$는

$$f(x)=\begin{cases} -x(x-4) & (0\leq x<4) \\ x-4 & (4\leq x\leq 8) \end{cases}$$

이다. 실수 a $(0\leq a\leq 4)$에 대하여 $\int_{a}^{a+4}f(x)dx$의 최솟값은 $\frac{q}{p}$이다. $p+q$의 값을 구하시오.

(단, p와 q는 서로소인 자연수이다.) [4점]

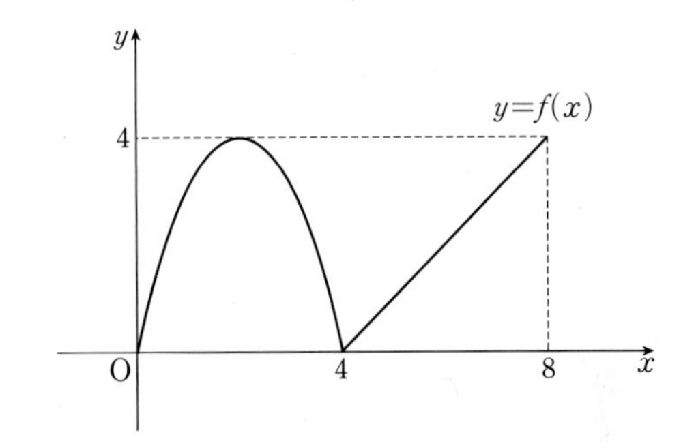

537 2024학년도 9월 평가원 22번

두 다항함수 $f(x)$, $g(x)$에 대하여 $f(x)$의 한 부정적분을 $F(x)$라 하고 $g(x)$의 한 부정적분을 $G(x)$라 할 때, 이 함수들은 모든 실수 x에 대하여 다음 조건을 만족시킨다.

> (가) $\int_1^x f(t)dt = xf(x) - 2x^2 - 1$
>
> (나) $f(x)G(x) + F(x)g(x) = 8x^3 + 3x^2 + 1$

$\int_1^3 g(x)dx$의 값을 구하시오. [4점]

538 2023학년도 수능(홀) 12번

실수 전체의 집합에서 연속인 함수 $f(x)$가 다음 조건을 만족시킨다.

> $n-1 \le x < n$일 때, $|f(x)| = |6(x-n+1)(x-n)|$이다.
>
> (단, n은 자연수이다.)

열린구간 $(0, 4)$에서 정의된 함수

$$g(x) = \int_0^x f(t)dt - \int_x^4 f(t)dt$$

가 $x=2$에서 최솟값 0을 가질 때, $\int_{\frac{1}{2}}^4 f(x)dx$의 값은? [4점]

① $-\frac{3}{2}$ ② $-\frac{1}{2}$ ③ $\frac{1}{2}$
④ $\frac{3}{2}$ ⑤ $\frac{5}{2}$

> 정답과 해설 172쪽

539 2019학년도 9월 평가원 나형 21번

사차함수 $f(x)=x^4+ax^2+b$에 대하여 $x\geq 0$에서 정의된 함수

$$g(x)=\int_{-x}^{2x}\{f(t)-|f(t)|\}dt$$

가 다음 조건을 만족시킨다.

> (가) $0<x<1$에서 $g(x)=c_1$ (c_1은 상수)
> (나) $1<x<5$에서 $g(x)$는 감소한다.
> (다) $x>5$에서 $g(x)=c_2$ (c_2는 상수)

$f(\sqrt{2})$의 값은? (단, a, b는 상수이다.) [4점]

① 40 ② 42 ③ 44 ④ 46 ⑤ 48

540 2022년 7월 교육청 15번

최고차항의 계수가 1인 이차함수 $f(x)$에 대하여 함수

$$g(x)=\begin{cases} f(x+2) & (x<0) \\ \int_0^x tf(t)dt & (x\geq 0) \end{cases}$$

이 실수 전체의 집합에서 미분가능하다. 실수 a에 대하여 함수 $h(x)$를

$$h(x)=|g(x)-g(a)|$$

라 할 때, 함수 $h(x)$가 $x=k$에서 미분가능하지 않은 실수 k의 개수가 1이 되도록 하는 모든 a의 값의 곱은? [4점]

① $-\frac{4\sqrt{3}}{3}$ ② $-\frac{7\sqrt{3}}{6}$ ③ $-\sqrt{3}$ ④ $-\frac{5\sqrt{3}}{6}$ ⑤ $-\frac{2\sqrt{3}}{3}$

541 2020년 10월 교육청 나형 30번

함수 $f(x)=\begin{cases} -3x^2 & (x<1) \\ 2(x-3) & (x\geq 1) \end{cases}$에 대하여 함수 $g(x)$를

$$g(x)=\int_0^x (t-1)f(t)dt$$

라 할 때, 실수 t에 대하여 직선 $y=t$와 곡선 $y=g(x)$가 만나는 서로 다른 점의 개수를 $h(t)$라 하자.

$\left|\lim_{t\to a+} h(t)-\lim_{t\to a-} h(t)\right|=2$를 만족시키는 모든 실수 a에 대하여 $|a|$의 값의 합을 S라 할 때, $30S$의 값을 구하시오. [4점]

542 2023학년도 9월 평가원 14번

최고차항의 계수가 1이고 $f(0)=0$, $f(1)=0$인 삼차함수 $f(x)$에 대하여 함수 $g(t)$를

$$g(t)=\int_t^{t+1} f(x)dx-\int_0^1 |f(x)|dx$$

라 할 때, **보기**에서 옳은 것만을 있는 대로 고른 것은? [4점]

보기

ㄱ. $g(0)=0$이면 $g(-1)<0$이다.

ㄴ. $g(-1)>0$이면 $f(k)=0$을 만족시키는 $k<-1$인 실수 k가 존재한다.

ㄷ. $g(-1)>1$이면 $g(0)<-1$이다.

① ㄱ ② ㄱ, ㄴ ③ ㄱ, ㄷ
④ ㄴ, ㄷ ⑤ ㄱ, ㄴ, ㄷ

543 2019년 7월 교육청 나형 30번

$x=-3$과 $x=a\ (a>-3)$에서 극값을 갖는 삼차함수 $f(x)$에 대하여 실수 전체의 집합에서 정의된 함수

$$g(x)=\begin{cases} f(x) & (x<-3) \\ \displaystyle\int_0^x |f'(t)|dt & (x\geq -3) \end{cases}$$

이 다음 조건을 만족시킨다.

> (가) $g(-3)=-16,\ g(a)=-8$
> (나) 함수 $g(x)$는 실수 전체의 집합에서 연속이다.
> (다) 함수 $g(x)$는 극솟값을 갖는다.

$\left|\displaystyle\int_a^4 \{f(x)+g(x)\}dx\right|$의 값을 구하시오. [4점]

544 2021년 3월 교육청 22번

양수 a와 일차함수 $f(x)$에 대하여 실수 전체의 집합에서 정의된 함수

$$g(x)=\int_0^x (t^2-4)\{|f(t)|-a\}dt$$

가 다음 조건을 만족시킨다.

> (가) 함수 $g(x)$는 극값을 갖지 않는다.
> (나) $g(2)=5$

$g(0)-g(-4)$의 값을 구하시오. [4점]

09

정적분의 활용

개념 카드

실전 개념 1 정적분과 넓이의 관계

> 유형 01, 05, 06, 08, 09

(1) 정적분과 넓이의 관계

함수 $f(x)$가 닫힌구간 $[a, b]$에서 연속이고 $f(x) \geq 0$일 때, 곡선 $y=f(x)$와 x축 및 두 직선 $x=a$, $x=b$로 둘러싸인 도형의 넓이 S는

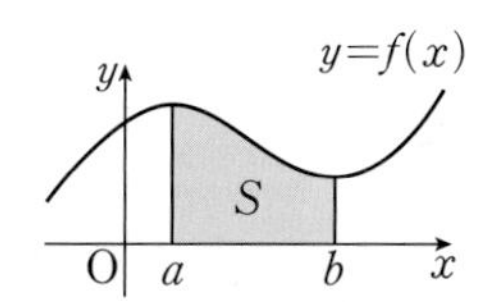

$$S=\int_a^b f(x)dx$$

(2) 함수 $f(x)$가 닫힌구간 $[a, b]$에서 연속일 때, 곡선 $y=f(x)$와 x축 및 두 직선 $x=a$, $x=b$로 둘러싸인 도형의 넓이 S는

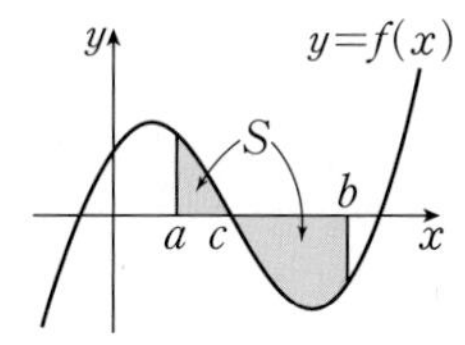

$$S=\int_a^b |f(x)|dx$$

참고 이차함수 $f(x)=a(x-\alpha)(x-\beta)$ $(a \neq 0,\ \alpha<\beta)$에 대하여 곡선 $y=f(x)$와 x축으로 둘러싸인 도형의 넓이 S는

$$S=\int_\alpha^\beta |a(x-\alpha)(x-\beta)|dx=\frac{|a|(\beta-\alpha)^3}{6}$$

실전 개념 2 두 곡선 사이의 넓이

> 유형 02 ~ 07, 09

(1) 두 곡선 사이의 넓이

두 함수 $f(x)$, $g(x)$가 닫힌구간 $[a, b]$에서 연속일 때, 두 곡선 $y=f(x)$, $y=g(x)$와 두 직선 $x=a$, $x=b$로 둘러싸인 도형의 넓이 S는

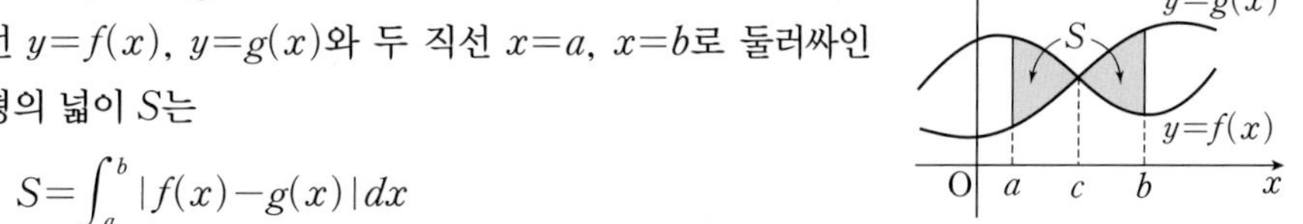

$$S=\int_a^b |f(x)-g(x)|dx$$

참고 닫힌구간 $[a, b]$에서 $f(x)$와 $g(x)$의 대소 관계가 바뀔 때에는 $f(x)-g(x)$의 값이 양수인 구간과 음수인 구간으로 나누어 넓이를 구한다.

(2) 함수 $y=f(x)$의 그래프와 그 역함수 $y=f^{-1}(x)$의 그래프로 둘러싸인 부분의 넓이

두 함수 $y=f(x)$, $y=f^{-1}(x)$의 그래프는 직선 $y=x$에 대하여 대칭이므로 함수 $y=f(x)$의 그래프와 직선 $y=x$의 교점의 x좌표를 α, β라 하면 두 함수 $y=f(x)$, $y=f^{-1}(x)$의 그래프로 둘러싸인 부분의 넓이 S는

$$S=\int_\alpha^\beta |f(x)-f^{-1}(x)|dx=2\int_\alpha^\beta |f(x)-x|dx$$

실전 개념 3 위치와 움직인 거리

> 유형 10 ~ 16

수직선 위를 움직이는 점 P의 시각 t에서의 속도가 $v(t)$, 시각 $t=a$에서의 위치가 x_0일 때

(1) 시각 t에서의 점 P의 위치 x → $x=x_0+\int_a^t v(t)dt$

(x_0: 출발 위치, $\int_a^t v(t)dt$: 위치의 변화량)

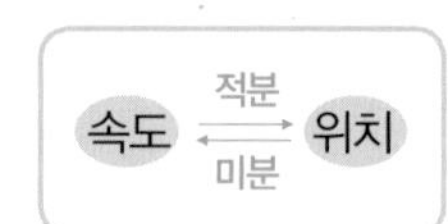

(2) 시각 $t=a$에서 $t=b$까지 점 P의 위치의 변화량 → $\int_a^b v(t)dt$

(3) 시각 $t=a$에서 $t=b$까지 점 P의 움직인 거리 s → $s=\int_a^b |v(t)|dt$

참고 수직선 위를 움직이는 점 P의 운동 방향은 $v(t)>0$일 때 양의 방향, $v(t)<0$일 때 음의 방향이다.
또, $v(t)=0$일 때는 운동 방향이 바뀌거나 정지한다.

STEP B 유형 & 유사로 익히면...

유형 01 곡선과 x축 사이의 넓이 (1)

545 2023년 10월 교육청 6번

곡선 $y=\frac{1}{3}x^2+1$과 x축, y축 및 직선 $x=3$으로 둘러싸인 부분의 넓이는? [3점]

① 6 ② $\frac{20}{3}$ ③ $\frac{22}{3}$

④ 8 ⑤ $\frac{26}{3}$

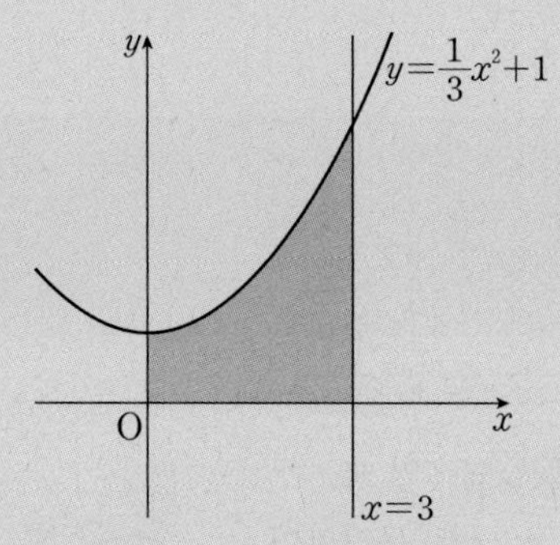

546 2023년 3월 교육청 7번

함수 $y=|x^2-2x|+1$의 그래프와 x축, y축 및 직선 $x=2$로 둘러싸인 부분의 넓이는? [3점]

① $\frac{8}{3}$ ② 3 ③ $\frac{10}{3}$

④ $\frac{11}{3}$ ⑤ 4

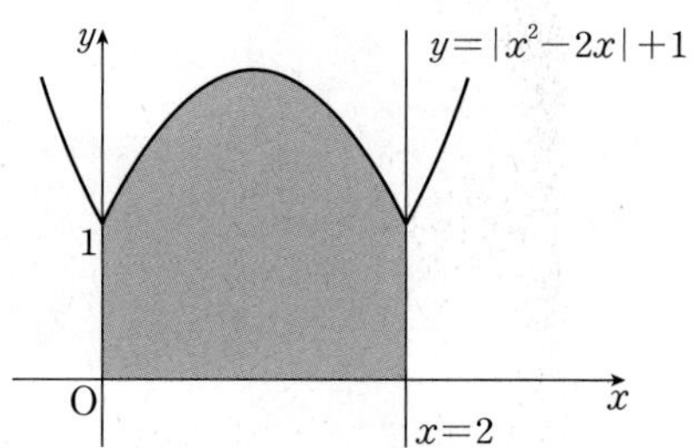

547 2022년 4월 교육청 17번

곡선 $y=-x^2+4x-4$와 x축 및 y축으로 둘러싸인 부분의 넓이를 S라 할 때, $12S$의 값을 구하시오. [3점]

548 2018학년도 9월 평가원 나형 26번

곡선 $y=6x^2-12x$와 x축으로 둘러싸인 부분의 넓이를 구하시오. [4점]

549 2013학년도 수능(홀) 나형 28번

최고차항의 계수가 1인 이차함수 $f(x)$가 $f(3)=0$이고,

$$\int_0^{2013} f(x)dx=\int_3^{2013} f(x)dx$$

를 만족시킨다. 곡선 $y=f(x)$와 x축으로 둘러싸인 부분의 넓이가 S일 때, $30S$의 값을 구하시오. [4점]

550 2021년 4월 교육청 13번

두 양수 a, b $(a<b)$에 대하여 함수 $f(x)$를

$f(x)=(x-a)(x-b)$라 하자.

$$\int_0^a f(x)dx=\frac{11}{6},\ \int_0^b f(x)dx=-\frac{8}{3}$$

일 때, 곡선 $y=f(x)$와 x축으로 둘러싸인 부분의 넓이는? [4점]

① 4 ② $\frac{9}{2}$ ③ 5 ④ $\frac{11}{2}$ ⑤ 6

551 2022학년도 사관학교 20번

양의 실수 a에 대하여 함수 $f(x)$를

$$f(x)=\begin{cases}\frac{3}{a}x^2 & (-a\le x\le a)\\ 3a & (x<-a \text{ 또는 } x>a)\end{cases}$$

라 하자. 함수 $y=f(x)$의 그래프와 x축 및 두 직선 $x=-3$, $x=3$으로 둘러싸인 부분의 넓이가 8이 되도록 하는 모든 a의 값의 합은 S이다. $40S$의 값을 구하시오. [4점]

552 2015년 11월 교육청 가형 19번 (고2)

두 함수 $f(x)=x^2-6x+10$, $g(x)=x$에 대하여 함수 $h(x)$를

$$h(x)=\frac{|f(x)-g(x)|+f(x)+g(x)}{2}$$

라 하자. 함수 $y=h(x)$의 그래프와 x축, y축 및 직선 $x=4$로 둘러싸인 부분의 넓이는? [4점]

① $\frac{40}{3}$ ② 15 ③ $\frac{50}{3}$ ④ $\frac{55}{3}$ ⑤ 20

553 2014학년도 수능 예시문항 A형 26번

함수 $y=4x^3-12x^2+8x$의 그래프와 x축으로 둘러싸인 부분의 넓이를 구하시오. [4점]

554 2021학년도 6월 평가원 나형 13번

곡선 $y=x^3-2x^2$과 x축으로 둘러싸인 부분의 넓이는? [3점]

① $\frac{7}{6}$ ② $\frac{4}{3}$ ③ $\frac{3}{2}$

④ $\frac{5}{3}$ ⑤ $\frac{11}{6}$

555 2016학년도 9월 평가원 A형 14번

함수 $f(x)$의 도함수 $f'(x)$가 $f'(x)=x^2-1$이다. $f(0)=0$일 때, 곡선 $y=f(x)$와 x축으로 둘러싸인 부분의 넓이는? [4점]

① $\frac{9}{8}$ ② $\frac{5}{4}$ ③ $\frac{11}{8}$

④ $\frac{3}{2}$ ⑤ $\frac{13}{8}$

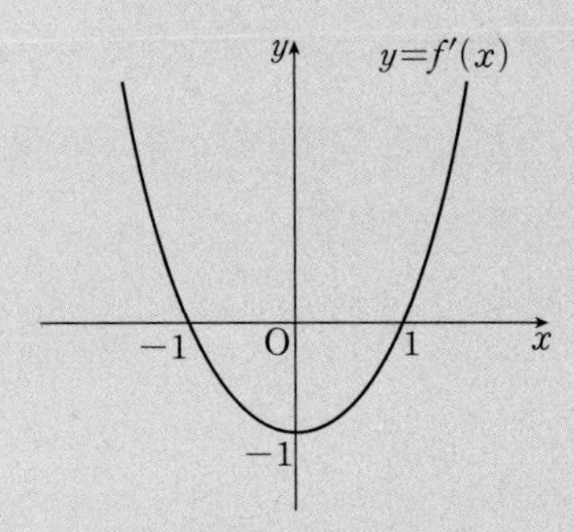

556 2013년 7월 교육청 A형 17번

삼차함수 $f(x)$가 다음 두 조건을 만족시킨다.

(가) $f'(x)=3x^2-4x-4$
(나) 함수 $y=f(x)$의 그래프는 $(2, 0)$을 지난다.

이때 함수 $y=f(x)$의 그래프와 x축으로 둘러싸인 도형의 넓이는? [4점]

① $\frac{56}{3}$ ② $\frac{58}{3}$ ③ 20

④ $\frac{62}{3}$ ⑤ $\frac{64}{3}$

> 정답과 해설 181쪽

유형 02 곡선과 직선 사이의 넓이

557 2014학년도 수능(홀) A형 8번

곡선 $y=x^2-4x+3$과 직선 $y=3$으로 둘러싸인 부분의 넓이는? [3점]

① 10　② $\frac{31}{3}$　③ $\frac{32}{3}$
④ 11　⑤ $\frac{34}{3}$

558 2021학년도 수능(홀) 나형 27번

곡선 $y=x^2-7x+10$과 직선 $y=-x+10$으로 둘러싸인 부분의 넓이를 구하시오. [4점]

559 2017년 11월 교육청 가형 14번 (고2)

곡선 $y=x^3-3x^2+x$와 직선 $y=x-4$로 둘러싸인 부분의 넓이는? [4점]

① $\frac{21}{4}$　② $\frac{23}{4}$　③ $\frac{25}{4}$
④ $\frac{27}{4}$　⑤ $\frac{29}{4}$

560 2023학년도 사관학교 18번

곡선 $y=x^3+2x$와 y축 및 직선 $y=3x+6$으로 둘러싸인 부분의 넓이를 구하시오. [3점]

유형 03 곡선과 접선 사이의 넓이

561 2022년 3월 교육청 7번

그림과 같이 곡선 $y=x^2-4x+6$ 위의 점 $\mathrm{A}(3,\ 3)$에서의 접선을 l이라 할 때, 곡선 $y=x^2-4x+6$과 직선 l 및 y축으로 둘러싸인 부분의 넓이는? [3점]

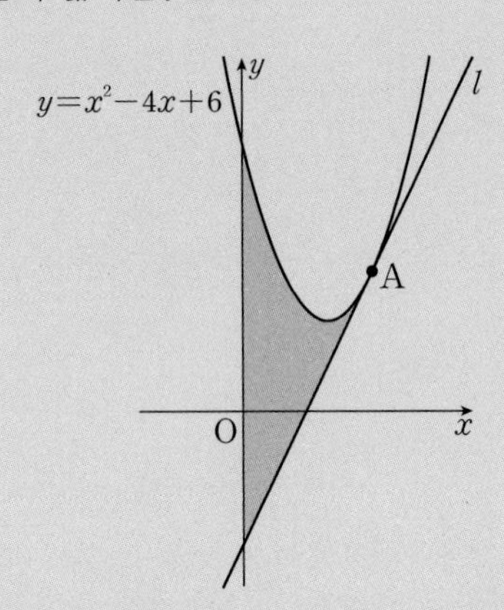

① $\frac{26}{3}$　② 9　③ $\frac{28}{3}$　④ $\frac{29}{3}$　⑤ 10

562 2020년 3월 교육청 가형 10번

그림과 같이 두 함수 $y=ax^2+2$와 $y=2|x|$의 그래프가 두 점 A, B에서 각각 접한다. 두 함수 $y=ax^2+2$와 $y=2|x|$의 그래프로 둘러싸인 부분의 넓이는? (단, a는 상수이다.) [3점]

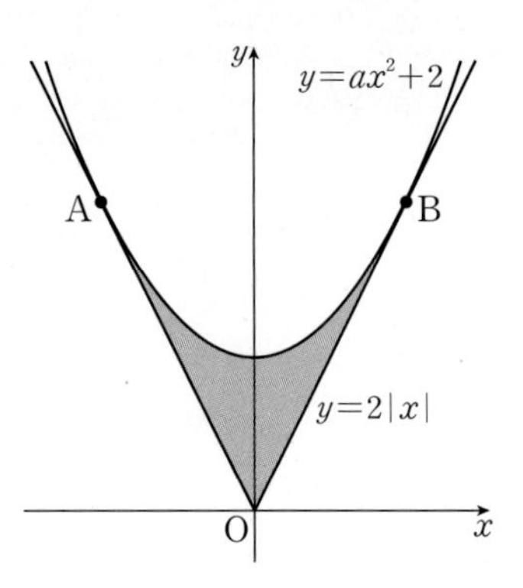

① $\frac{13}{6}$　② $\frac{7}{3}$　③ $\frac{5}{2}$　④ $\frac{8}{3}$　⑤ $\frac{17}{6}$

> 정답과 해설 182쪽

563 2021년 3월 교육청 9번

최고차항의 계수가 -3인 삼차함수 $y=f(x)$의 그래프 위의 점 $(2,\ f(2))$에서의 접선 $y=g(x)$가 곡선 $y=f(x)$와 원점에서 만난다. 곡선 $y=f(x)$와 직선 $y=g(x)$로 둘러싸인 도형의 넓이는? [4점]

① $\frac{7}{2}$ ② $\frac{15}{4}$ ③ 4

④ $\frac{17}{4}$ ⑤ $\frac{9}{2}$

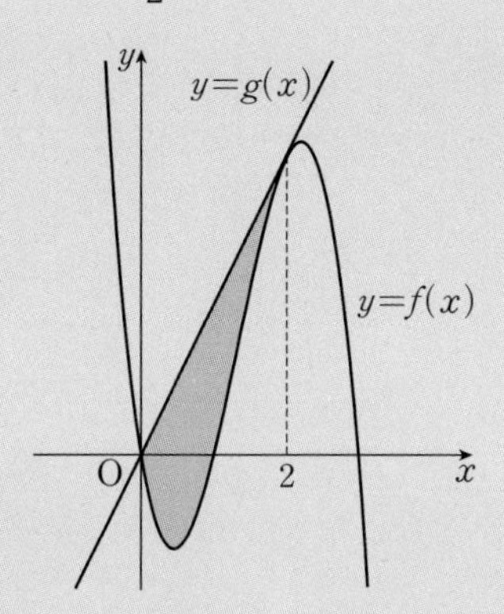

564 2019학년도 사관학교 나형 27번

곡선 $y=x^3+x-3$과 이 곡선 위의 점 $(1,\ -1)$에서의 접선으로 둘러싸인 부분의 넓이가 $\frac{q}{p}$일 때, $p+q$의 값을 구하시오.

(단, p와 q는 서로소인 자연수이다.) [4점]

565 2023년 4월 교육청 12번

그림과 같이 삼차함수 $f(x)=x^3-6x^2+8x+1$의 그래프와 최고차항의 계수가 양수인 이차함수 $y=g(x)$의 그래프가 점 $\mathrm{A}(0,\ 1)$, 점 $\mathrm{B}(k,\ f(k))$에서 만나고, 곡선 $y=f(x)$ 위의 점 B에서의 접선이 점 A를 지난다. 곡선 $y=f(x)$와 직선 AB로 둘러싸인 부분의 넓이를 S_1, 곡선 $y=g(x)$와 직선 AB로 둘러싸인 부분의 넓이를 S_2라 하자. $S_1=S_2$일 때,

$\int_0^k g(x)dx$의 값은? (단, k는 양수이다.) [4점]

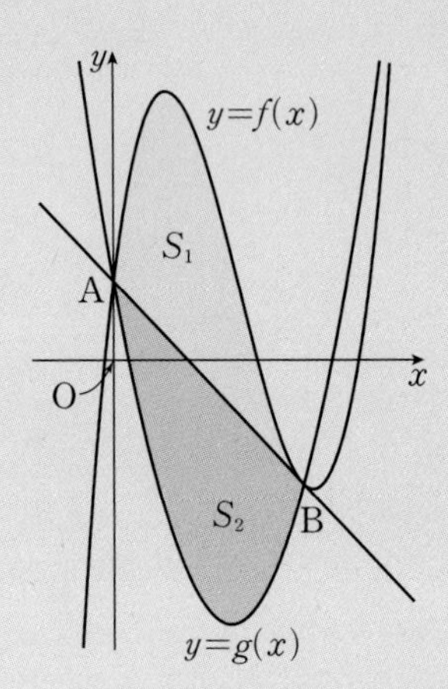

① $-\frac{17}{2}$　② $-\frac{33}{4}$　③ -8

④ $-\frac{31}{4}$　⑤ $-\frac{15}{2}$

566 2023학년도 9월 평가원 20번

상수 $k\ (k<0)$에 대하여 두 함수

$$f(x)=x^3+x^2-x,\ g(x)=4|x|+k$$

의 그래프가 만나는 점의 개수가 2일 때, 두 함수의 그래프로 둘러싸인 부분의 넓이를 S라 하자. $30\times S$의 값을 구하시오.

[4점]

유형 04 두 곡선 사이의 넓이

567 2022년 10월 교육청 7번

두 함수

$$f(x)=x^2-4x,\ g(x)=\begin{cases}-x^2+2x & (x<2)\\ -x^2+6x-8 & (x\geq 2)\end{cases}$$

의 그래프로 둘러싸인 부분의 넓이는? [3점]

① $\frac{40}{3}$　② 14　③ $\frac{44}{3}$　④ $\frac{46}{3}$　⑤ 16

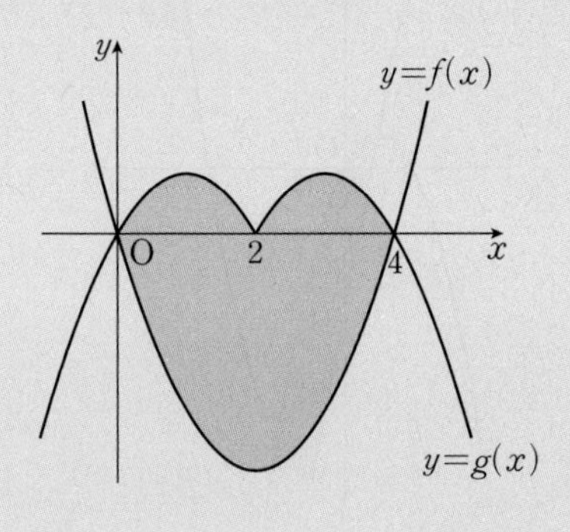

568 2020학년도 9월 평가원 나형 15번

함수 $f(x)=x^2-2x$에 대하여 두 곡선 $y=f(x)$, $y=-f(x-1)-1$로 둘러싸인 부분의 넓이는? [4점]

① $\frac{1}{6}$　② $\frac{1}{4}$　③ $\frac{1}{3}$　④ $\frac{5}{12}$　⑤ $\frac{1}{2}$

569 2024학년도 9월 평가원 19번

두 곡선 $y=3x^3-7x^2$과 $y=-x^2$으로 둘러싸인 부분의 넓이를 구하시오. [3점]

570 2021년 10월 교육청 20번

최고차항의 계수가 1인 삼차함수 $f(x)$가 $f(0)=0$이고, 모든 실수 x에 대하여 $f(1-x)=-f(1+x)$를 만족시킨다. 두 곡선 $y=f(x)$와 $y=-6x^2$으로 둘러싸인 부분의 넓이를 S라 할 때, $4S$의 값을 구하시오. [4점]

571 2020학년도 수능(홀) 나형 26번

두 함수

$$f(x)=\frac{1}{3}x(4-x),\ g(x)=|x-1|-1$$

의 그래프로 둘러싸인 부분의 넓이를 S라 할 때, $4S$의 값을 구하시오. [4점]

572 2024학년도 사관학교 8번

두 함수

$$f(x)=\begin{cases}-5x-4 & (x<1)\\ x^2-2x-8 & (x\geq 1)\end{cases},\ g(x)=-x^2-2x$$

에 대하여 두 곡선 $y=f(x)$, $y=g(x)$로 둘러싸인 부분의 넓이는? [3점]

① $\frac{34}{3}$ ② 11 ③ $\frac{32}{3}$

④ $\frac{31}{3}$ ⑤ 10

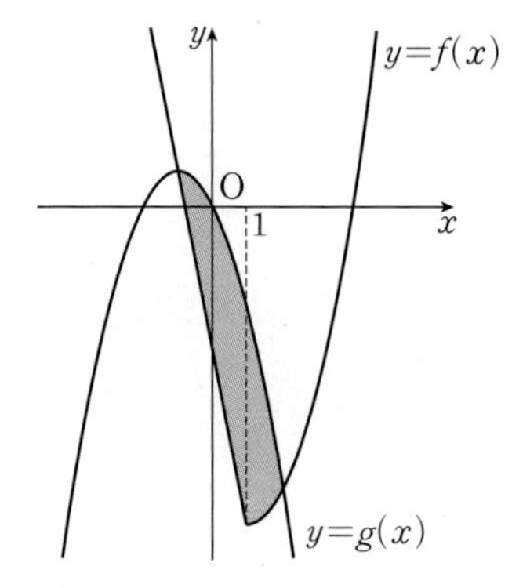

573 2016년 9월 교육청 29번 (고2)

그림과 같이 중심이 $\left(0,\ \frac{3}{2}\right)$이고, 반지름의 길이가 $r\left(r<\frac{3}{2}\right)$인 원 C가 있다. 원 C가 함수 $y=\frac{1}{2}x^2$의 그래프와 서로 다른 두 점에서 만날 때, 원 C와 함수 $y=\frac{1}{2}x^2$의 그래프로 둘러싸인 ◡ 모양의 넓이는 $a+b\pi$이다. $120(a+b)$의 값을 구하시오. (단, a, b는 유리수이다.) [4점]

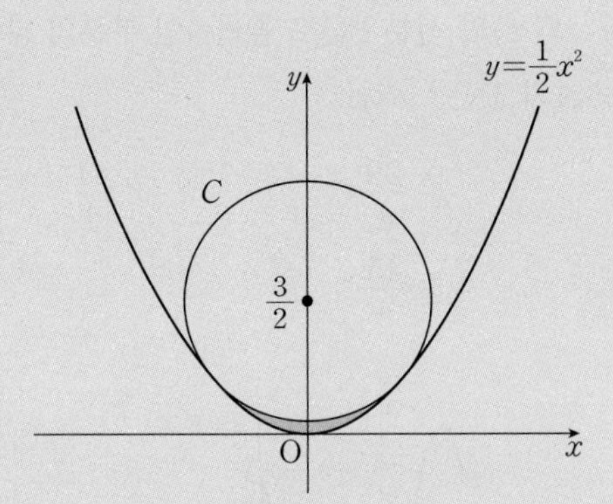

574 2013학년도 9월 평가원 나형 29번

그림과 같이 곡선 $y=x^2$과 양수 t에 대하여 세 점 O$(0,\ 0)$, A$(t,\ 0)$, B$(t,\ t^2)$을 지나는 원 C가 있다. 원 C의 호 OAB와 곡선 $y=x^2$으로 둘러싸인 부분의 넓이를 $S(t)$라 할 때, $S'(1)=\frac{p\pi+q}{4}$이다. p^2+q^2의 값을 구하시오.

(단, p, q는 정수이다.) [4점]

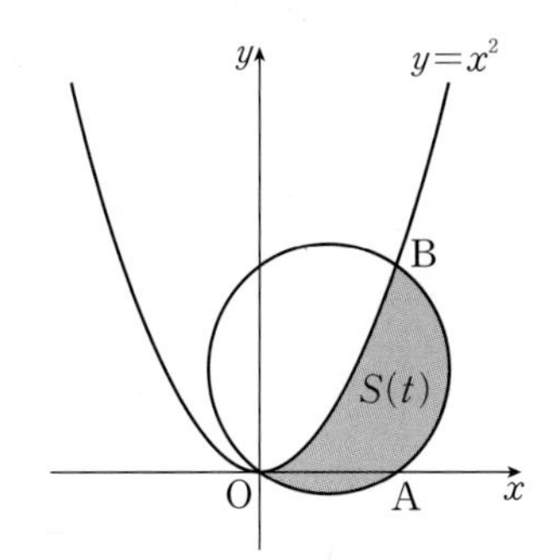

09

유형 05 두 도형의 넓이 비교

575 2025학년도 6월 평가원 13번

곡선 $y=\frac{1}{4}x^3+\frac{1}{2}x$와 직선 $y=mx+2$ 및 y축으로 둘러싸인 부분의 넓이를 A, 곡선 $y=\frac{1}{4}x^3+\frac{1}{2}x$와 두 직선 $y=mx+2$, $x=2$로 둘러싸인 부분의 넓이를 B라 하자. $B-A=\frac{2}{3}$일 때, 상수 m의 값은? (단, $m<-1$) [4점]

① $-\frac{3}{2}$ ② $-\frac{17}{12}$ ③ $-\frac{4}{3}$

④ $-\frac{5}{4}$ ⑤ $-\frac{7}{6}$

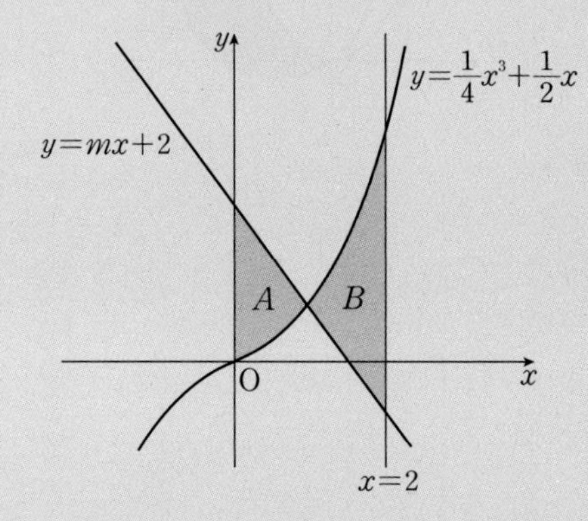

576 2025학년도 수능(홀) 13번

최고차항의 계수가 1인 삼차함수 $f(x)$가

$$f(1)=f(2)=0,\ f'(0)=-7$$

을 만족시킨다. 원점 O와 점 P$(3,\ f(3))$에 대하여 선분 OP가 곡선 $y=f(x)$와 만나는 점 중 P가 아닌 점을 Q라 하자. 곡선 $y=f(x)$와 y축 및 선분 OQ로 둘러싸인 부분의 넓이를 A, 곡선 $y=f(x)$와 선분 PQ로 둘러싸인 부분의 넓이를 B라 할 때, $B-A$의 값은? [4점]

① $\frac{37}{4}$ ② $\frac{39}{4}$ ③ $\frac{41}{4}$

④ $\frac{43}{4}$ ⑤ $\frac{45}{4}$

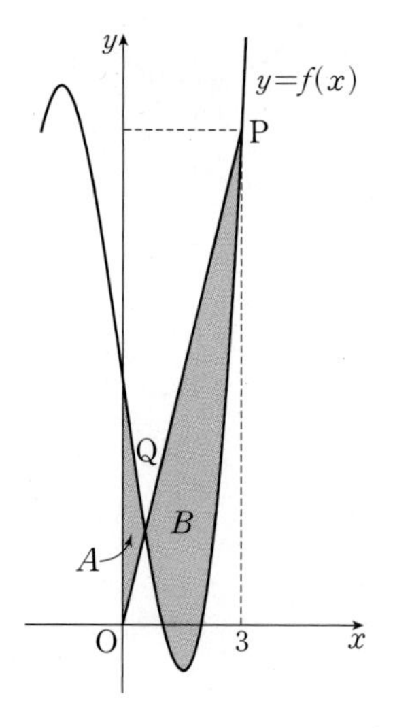

> 정답과 해설 188쪽

577 2023학년도 수능(홀) 10번

두 곡선 $y=x^3+x^2$, $y=-x^2+k$와 y축으로 둘러싸인 부분의 넓이를 A, 두 곡선 $y=x^3+x^2$, $y=-x^2+k$와 직선 $x=2$로 둘러싸인 부분의 넓이를 B라 하자. $A=B$일 때, 상수 k의 값은? (단, $4<k<5$) [4점]

① $\frac{25}{6}$ ② $\frac{13}{3}$ ③ $\frac{9}{2}$

④ $\frac{14}{3}$ ⑤ $\frac{29}{6}$

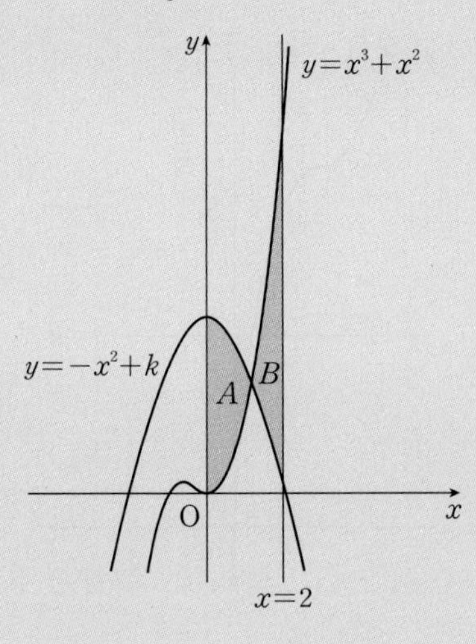

578 2025학년도 9월 평가원 13번

함수

$$f(x)=\begin{cases}-x^2-2x+6 & (x<0)\\ -x^2+2x+6 & (x\geq 0)\end{cases}$$

의 그래프가 x축과 만나는 서로 다른 두 점을 P, Q라 하고 상수 k $(k>4)$에 대하여 직선 $x=k$가 x축과 만나는 점을 R이라 하자. 곡선 $y=f(x)$와 선분 PQ로 둘러싸인 부분의 넓이를 A, 곡선 $y=f(x)$와 직선 $x=k$ 및 선분 QR로 둘러싸인 부분의 넓이를 B라 하자. $A=2B$일 때, k의 값은?

(단, 점 P의 x좌표는 음수이다.) [4점]

① $\frac{9}{2}$ ② 5 ③ $\frac{11}{2}$

④ 6 ⑤ $\frac{13}{2}$

579 2019년 7월 교육청 나형 27번

함수 $f(x)=\frac{1}{2}x^3$의 그래프 위의 점 $\mathrm{P}(a,\ b)$에 대하여 곡선 $y=f(x)$와 x축 및 직선 $x=1$로 둘러싸인 부분의 넓이를 S_1, 곡선 $y=f(x)$와 두 직선 $x=1$, $y=b$로 둘러싸인 부분의 넓이를 S_2라 하자. $S_1=S_2$일 때, $30a$의 값을 구하시오.

(단, $a>1$) [4점]

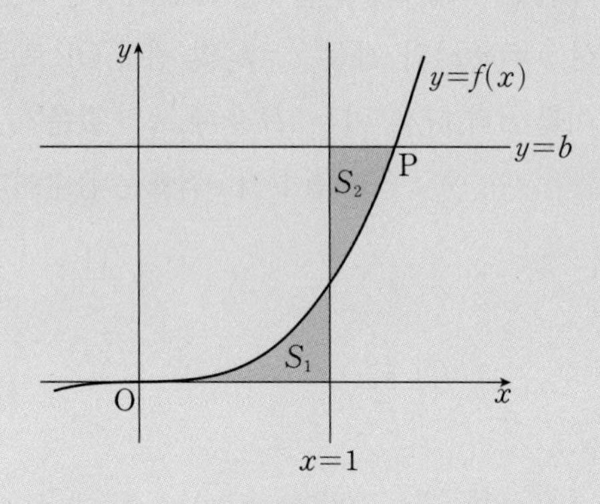

580 2011년 10월 교육청 가형 29번

그림과 같이 삼차함수 $f(x)=-(x+1)^3+8$의 그래프가 x축과 만나는 점을 A라 하고, 점 A를 지나고 x축에 수직인 직선을 l이라 하자. 또, 곡선 $y=f(x)$와 y축 및 직선 $y=k$ $(0<k<7)$로 둘러싸인 부분의 넓이를 S_1이라 하고, 곡선 $y=f(x)$와 직선 l 및 직선 $y=k$로 둘러싸인 부분의 넓이를 S_2라 하자. 이때, $S_1=S_2$가 되도록 하는 상수 k에 대하여 $4k$의 값을 구하시오. [4점]

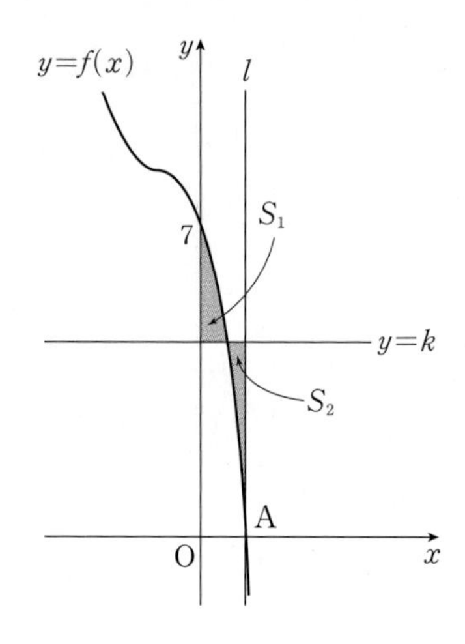

유형 06 도형의 넓이를 두 부분 또는 세 부분으로 나누는 경우

581 2022학년도 수능(홀) 8번

곡선 $y=x^2-5x$와 직선 $y=x$로 둘러싸인 부분의 넓이를 직선 $x=k$가 이등분할 때, 상수 k의 값은? [3점]

① 3 ② $\frac{13}{4}$ ③ $\frac{7}{2}$

④ $\frac{15}{4}$ ⑤ 4

582 2016년 9월 교육청 가형 15번 (고2)

실수 전체의 집합에서 정의된 함수

$$f(x)=\begin{cases} x^2-\frac{1}{2}k^2 & (x<0) \\ x-\frac{1}{2}k^2 & (x\geq 0) \end{cases}$$

가 있다. 그림과 같이 함수 $y=f(x)$의 그래프와 직선 $y=\frac{1}{2}k^2$으로 둘러싸인 도형의 넓이가 y축에 의하여 이등분될 때, 상수 k의 값은? (단, $k>0$) [4점]

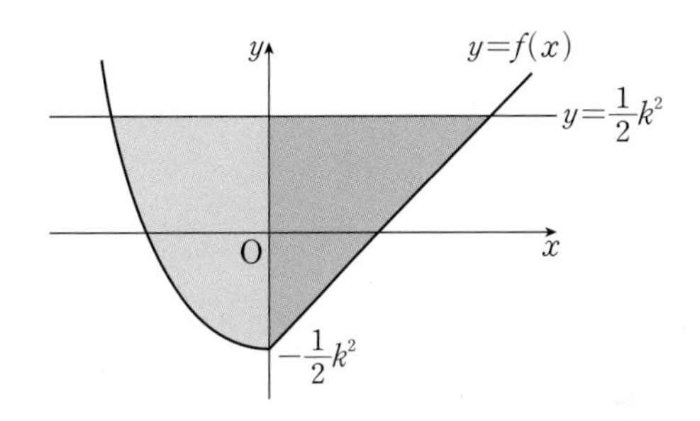

① $\frac{2}{3}$ ② 1 ③ $\frac{4}{3}$

④ $\frac{5}{3}$ ⑤ 2

583 2008년 10월 교육청 가형 10번

그림과 같이 네 점 (0, 0), (1, 0), (1, 1), (0, 1)을 꼭짓점으로 하는 정사각형의 내부를 두 곡선 $y=\frac{1}{2}x^2$, $y=ax^2$으로 나눈 세 부분의 넓이를 각각 S_1, S_2, S_3이라 하자.

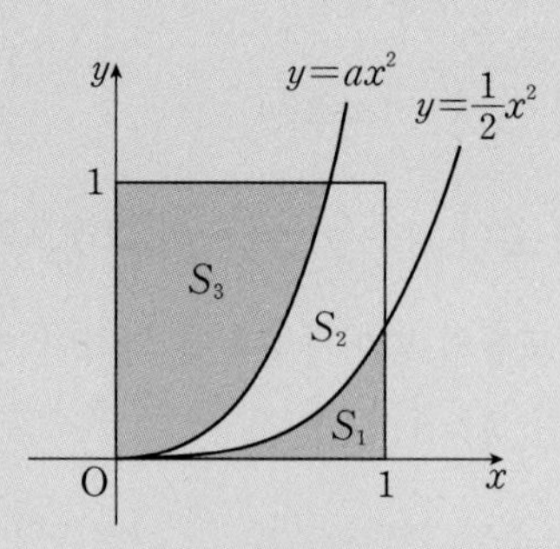

S_1, S_2, S_3이 이 순서로 등차수열을 이룰 때, 양수 a의 값은? [4점]

① $\frac{16}{9}$ ② $\frac{17}{9}$ ③ 2 ④ $\frac{19}{9}$ ⑤ $\frac{20}{9}$

584 2012년 10월 교육청 나형 19번

함수 $f(x)=-x^2+x+2$에 대하여 그림과 같이 곡선 $y=f(x)$와 x축으로 둘러싸인 부분을 y축과 직선 $x=k$ $(0<k<2)$로 나눈 세 부분의 넓이를 각각 S_1, S_2, S_3이라 하자. S_1, S_2, S_3이 이 순서대로 등차수열을 이룰 때, S_2의 값은? [4점]

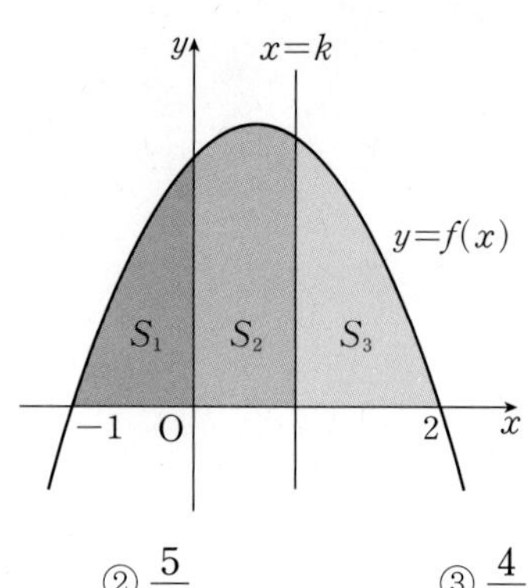

① 1 ② $\frac{5}{4}$ ③ $\frac{4}{3}$ ④ $\frac{3}{2}$ ⑤ 2

> 정답과 해설 190쪽

유형 07 역함수와 도형의 넓이

585 2009년 10월 교육청 가형 7번

그림과 같이 함수 $f(x)=ax^2+b$ $(x\geq 0)$의 그래프와 그 역함수 $g(x)$의 그래프가 만나는 두 점의 x좌표는 1과 2이다. $0\leq x\leq 1$에서 두 곡선 $y=f(x)$, $y=g(x)$ 및 x축, y축으로 둘러싸인 부분의 넓이를 A라 하고, $1\leq x\leq 2$에서 두 곡선 $y=f(x)$, $y=g(x)$로 둘러싸인 부분의 넓이를 B라 하자.

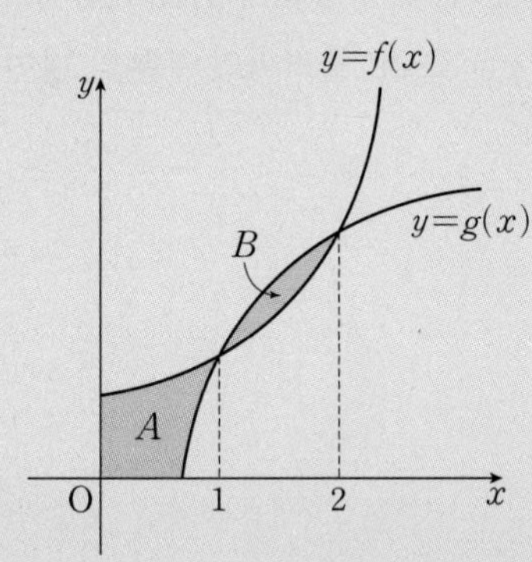

이때, $A-B$의 값은? (단, a, b는 상수이다.) [3점]

① $\frac{1}{9}$ ② $\frac{2}{9}$ ③ $\frac{1}{3}$
④ $\frac{4}{9}$ ⑤ $\frac{5}{9}$

586 2012년 7월 교육청 나형 21번

함수 $f(x)=x^3+x-1$의 역함수를 $g(x)$라 할 때, $\int_1^9 g(x)dx$의 값은? [4점]

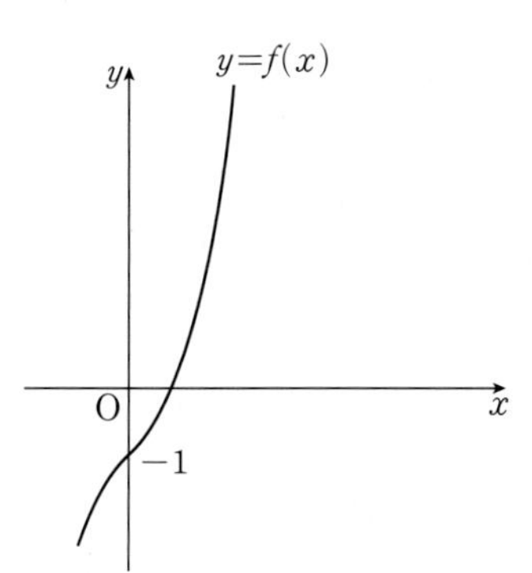

① $\frac{47}{4}$ ② $\frac{49}{4}$ ③ $\frac{51}{4}$
④ $\frac{53}{4}$ ⑤ $\frac{55}{4}$

유형 08 곡선과 x축 사이의 넓이 (2): 함수의 주기성을 이용하는 경우

587 2019학년도 수능(홀) 나형 17번

실수 전체의 집합에서 증가하는 연속함수 $f(x)$가 다음 조건을 만족시킨다.

> (가) 모든 실수 x에 대하여 $f(x)=f(x-3)+4$이다.
>
> (나) $\int_{0}^{6} f(x)dx=0$

함수 $y=f(x)$의 그래프와 x축 및 두 직선 $x=6$, $x=9$로 둘러싸인 부분의 넓이는? [4점]

① 9 ② 12 ③ 15 ④ 18 ⑤ 21

588 2021학년도 사관학교 나형 28번

양수 a와 함수 $f(x)$가 다음 조건을 만족시킨다.

> (가) $0\le x<1$일 때, $f(x)=2x^2+ax$이다.
>
> (나) 모든 실수 x에 대하여 $f(x+1)=f(x)+a^2$이다.

함수 $f(x)$가 실수 전체의 집합에서 연속일 때, 곡선 $y=f(x)$와 x축 및 직선 $x=3$으로 둘러싸인 부분의 넓이를 구하시오. [4점]

> 정답과 해설 192쪽

유형 09 정적분의 기하적 의미

589 2018년 7월 교육청 나형 20번

최고차항의 계수가 1인 사차함수 $f(x)$가 모든 실수 x에 대하여

$$f'(-x)=-f'(x)$$

를 만족시킨다. $f'(1)=0$, $f(1)=2$일 때, **보기**에서 옳은 것만을 있는 대로 고른 것은? [4점]

보기

ㄱ. $f'(-1)=0$

ㄴ. 모든 실수 k에 대하여 $\int_{-k}^{0} f(x)dx=\int_{0}^{k} f(x)dx$

ㄷ. $0<t<1$인 모든 실수 t에 대하여 $\int_{-t}^{t} f(x)dx<6t$

① ㄱ ② ㄷ ③ ㄱ, ㄴ
④ ㄴ, ㄷ ⑤ ㄱ, ㄴ, ㄷ

590 2005학년도 수능(홀) 가형 8번

다음은 연속함수 $y=f(x)$의 그래프와 이 그래프 위의 서로 다른 두 점 $\mathrm{P}(a,\ f(a))$, $\mathrm{Q}(b,\ f(b))$를 나타낸 것이다.

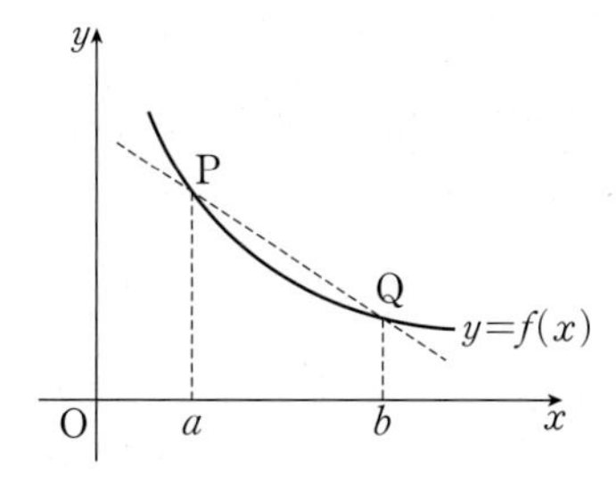

함수 $F(x)$가 $F'(x)=f(x)$를 만족시킬 때, **보기**에서 항상 옳은 것을 모두 고른 것은? [4점]

보기

ㄱ. 함수 $F(x)$는 구간 $[a,\ b]$에서 증가한다.

ㄴ. $\dfrac{F(b)-F(a)}{b-a}$는 직선 PQ의 기울기와 같다.

ㄷ. $\int_{a}^{b} \{f(x)-f(b)\}dx \le \dfrac{(b-a)\{f(a)-f(b)\}}{2}$

① ㄱ ② ㄴ ③ ㄱ, ㄷ
④ ㄴ, ㄷ ⑤ ㄱ, ㄴ, ㄷ

유형 10 한 점의 위치와 $t=0$에서부터의 위치의 변화량

591 2021학년도 6월 평가원 나형 15번

수직선 위를 움직이는 점 P의 시각 t $(t\geq0)$에서의 속도 $v(t)$가

$$v(t)=-4t+5$$

이다. 시각 $t=3$에서 점 P의 위치가 11일 때, 시각 $t=0$에서 점 P의 위치는? [4점]

① 11 ② 12 ③ 13 ④ 14 ⑤ 15

592 2022년 7월 교육청 18번

시각 $t=0$일 때 원점을 출발하여 수직선 위를 움직이는 점 P의 시각 t $(t\geq0)$에서의 속도 $v(t)$가

$$v(t)=3t^2+6t-a$$

이다. 시각 $t=3$에서의 점 P의 위치가 6일 때, 상수 a의 값을 구하시오. [3점]

593 2022년 4월 교육청 10번

수직선 위를 움직이는 점 P의 시각 t $(t\geq0)$에서의 속도 $v(t)$가

$$v(t)=3(t-2)(t-a)\ (a>2\text{인 상수})$$

이다. 점 P의 시각 $t=0$에서의 위치는 0이고, $t>0$에서 점 P의 위치가 0이 되는 순간은 한 번뿐이다. $v(8)$의 값은? [4점]

① 27 ② 36 ③ 45 ④ 54 ⑤ 63

594 2023학년도 9월 평가원 10번

수직선 위의 점 A(6)과 시각 $t=0$일 때 원점을 출발하여 이 수직선 위를 움직이는 점 P가 있다. 시각 t $(t\geq0)$에서의 점 P의 속도 $v(t)$를

$$v(t)=3t^2+at\ (a>0)$$

이라 하자. 시각 $t=2$에서 점 P와 점 A 사이의 거리가 10일 때, 상수 a의 값은? [4점]

① 1 ② 2 ③ 3 ④ 4 ⑤ 5

595 2025학년도 6월 평가원 19번

시각 $t=0$일 때 원점을 출발하여 수직선 위를 움직이는 점 P의 시각 $t\ (t\geq 0)$에서의 속도 $v(t)$가

$$v(t)=\begin{cases} -t^2+t+2 & (0\leq t\leq 3) \\ k(t-3)-4 & (t>3) \end{cases}$$

이다. 출발한 후 점 P의 운동 방향이 두 번째로 바뀌는 시각에서의 점 P의 위치가 1일 때, 양수 k의 값을 구하시오. [3점]

596 2015년 11월 교육청 가형 28번 (고2)

원점을 출발하여 수직선 위를 움직이는 점 P의 시각 t에서의 속도 $v(t)$가 다음과 같다.

$$v(t)=\begin{cases} -3t^2 & (0\leq t<2) \\ a(t-2)-12 & (t\geq 2) \end{cases}$$

점 P가 출발한 후, 시각 $t=6$일 때 원점을 다시 지난다. 상수 a의 값을 구하시오. [4점]

597 2011년 7월 교육청 나형 27번

원점 O를 출발하여 수직선 위를 16초 동안 움직이는 점 P의 t초 후의 속도 $v(t)$가

$$v(t)=\begin{cases} \frac{1}{2}t-1 & (0\leq t<2) \\ -t^2+10t-16 & (2\leq t<8) \\ 2-\frac{1}{4}t & (8\leq t\leq 16) \end{cases}$$

일 때, 선분 OP의 길이의 최댓값을 구하시오. [4점]

598 2024학년도 6월 평가원 14번

실수 $a\ (a\geq 0)$에 대하여 수직선 위를 움직이는 점 P의 시각 $t\ (t\geq 0)$에서의 속도 $v(t)$를

$$v(t)=-t(t-1)(t-a)(t-2a)$$

라 하자. 점 P가 시각 $t=0$일 때 출발한 후 운동 방향을 한 번만 바꾸도록 하는 a에 대하여, 시각 $t=0$에서 $t=2$까지 점 P의 위치의 변화량의 최댓값은? [4점]

① $\frac{1}{5}$ ② $\frac{7}{30}$ ③ $\frac{4}{15}$ ④ $\frac{3}{10}$ ⑤ $\frac{1}{3}$

유형 11 두 점의 위치

599 2019학년도 9월 평가원 나형 28번

시각 $t=0$일 때 동시에 원점을 출발하여 수직선 위를 움직이는 두 점 P, Q의 시각 t $(t \geq 0)$에서의 속도가 각각

$$v_1(t)=3t^2+t,\ v_2(t)=2t^2+3t$$

이다. 출발한 후 두 점 P, Q의 속도가 같아지는 순간 두 점 P, Q 사이의 거리를 a라 할 때, $9a$의 값을 구하시오. [4점]

600 2023학년도 경찰대학 2번

시각 $t=0$일 때 동시에 원점을 출발하여 수직선 위를 움직이는 두 점 P, Q의 시각 t $(t \geq 0)$에서의 속도가 각각

$$v_{\mathrm{P}}(t)=3t^2+2t-4,\ v_{\mathrm{Q}}(t)=6t^2-6t$$

이다. 출발한 후 두 점 P, Q가 처음으로 만나는 위치는? [3점]

① 1 ② 2 ③ 3 ④ 4 ⑤ 5

601 2021학년도 사관학교 나형 12번

시각 $t=0$일 때 동시에 원점을 출발하여 수직선 위를 움직이는 두 점 P, Q의 시각 t $(t \geq 0)$에서의 속도가 각각

$$v_1(t)=2t+3,\ v_2(t)=at(6-t)$$

이다. 시각 $t=3$에서 두 점 P, Q가 만날 때, a의 값은?

(단, a는 상수이다.) [3점]

① 1 ② 2 ③ 3 ④ 4 ⑤ 5

602 2018년 7월 교육청 나형 14번

원점을 동시에 출발하여 수직선 위를 움직이는 두 점 P, Q의 시각 t $(t \geq 0)$에서의 속도가 각각 $3t^2+6t-6$, $10t-6$이다. 두 점 P, Q가 출발 후 $t=a$에서 다시 만날 때, 상수 a의 값은?

[4점]

① 1 ② $\frac{3}{2}$ ③ 2 ④ $\frac{5}{2}$ ⑤ 3

> 정답과 해설 196쪽

603 2023년 3월 교육청 19번

시각 $t=0$일 때 동시에 원점을 출발하여 수직선 위를 움직이는 두 점 P, Q의 시각 t $(t\geq 0)$에서의 속도가 각각

$$v_1(t)=3t^2-15t+k,\ v_2(t)=-3t^2+9t$$

이다. 점 P와 점 Q가 출발한 후 한 번만 만날 때, 양수 k의 값을 구하시오. [3점]

604 2011년 10월 교육청 나형 19번

수직선 위를 움직이는 두 점 P, Q가 있다. 점 P는 점 A(5)를 출발하여 시각 t에서의 속도가 $3t^2-2$이고, 점 Q는 점 B(k)를 출발하여 시각 t에서의 속도가 1이다. 두 점 P, Q가 동시에 출발한 후 2번 만나도록 하는 정수 k의 값은? (단, $k\neq 5$) [4점]

① 2 ② 4 ③ 6 ④ 8 ⑤ 10

유형 12 한 점의 위치와 $t=a$ $(a\neq 0)$에서부터의 위치의 변화량

605 2022학년도 6월 평가원 19번

수직선 위를 움직이는 점 P의 시각 t $(t\geq 0)$에서의 속도 $v(t)$가

$$v(t)=3t^2-4t+k$$

이다. 시각 $t=0$에서 점 P의 위치는 0이고, 시각 $t=1$에서 점 P의 위치는 -3이다. 시각 $t=1$에서 $t=3$까지의 점 P의 위치의 변화량을 구하시오. (단, k는 상수이다.) [3점]

606 2021년 4월 교육청 10번

수직선 위를 움직이는 점 P의 시각 t $(t\geq 0)$에서의 속도 $v(t)$가

$$v(t)=4t-10$$

이다. 점 P의 시각 $t=1$에서의 위치와 점 P의 시각 $t=k$ $(k>1)$에서의 위치가 서로 같을 때, 상수 k의 값은? [4점]

① 3 ② $\frac{7}{2}$ ③ 4 ④ $\frac{9}{2}$ ⑤ 5

유형 13 한 점의 움직인 거리

607 2017학년도 수능(홀) 나형 12번

수직선 위를 움직이는 점 P의 시각 t $(t \ge 0)$에서의 속도 $v(t)$가

$v(t)=-2t+4$

이다. $t=0$부터 $t=4$까지 점 P가 움직인 거리는? [3점]

① 8 ② 9 ③ 10 ④ 11 ⑤ 12

608 2021학년도 수능(홀) 나형 14번

수직선 위를 움직이는 점 P의 시각 t $(t \ge 0)$에서의 속도 $v(t)$가

$v(t)=2t-6$

이다. 점 P가 시각 $t=3$에서 $t=k$ $(k>3)$까지 움직인 거리가 25일 때, 상수 k의 값은? [4점]

① 6 ② 7 ③ 8 ④ 9 ⑤ 10

609 2018년 10월 교육청 나형 12번

수직선 위를 움직이는 점 P의 시각 t $(t \ge 0)$에서의 위치 x가

$x=t^4+at^3$ (a는 상수)

이다. $t=2$에서 점 P의 속도가 0일 때, $t=0$에서 $t=2$까지 점 P가 움직인 거리는? [3점]

① $\frac{16}{3}$ ② $\frac{20}{3}$ ③ 8 ④ $\frac{28}{3}$ ⑤ $\frac{32}{3}$

610 2022년 3월 교육청 9번

수직선 위를 움직이는 점 P의 시각 t $(t \ge 0)$에서의 속도 $v(t)$가

$v(t)=3t^2+at$

이다. 시각 $t=0$에서의 점 P의 위치와 시각 $t=6$에서의 점 P의 위치가 서로 같을 때, 점 P가 시각 $t=0$에서 $t=6$까지 움직인 거리는? (단, a는 상수이다.) [4점]

① 64 ② 66 ③ 68 ④ 70 ⑤ 72

> 정답과 해설 198쪽

611 2022학년도 9월 평가원 9번

수직선 위를 움직이는 점 P의 시각 t ($t>0$)에서의 속도 $v(t)$가

$v(t)=-4t^3+12t^2$

이다. 시각 $t=k$에서 점 P의 가속도가 12일 때, 시각 $t=3k$에서 $t=4k$까지 점 P가 움직인 거리는? (단, k는 상수이다.) [4점]

① 23 ② 25 ③ 27
④ 29 ⑤ 31

612 2022년 10월 교육청 19번

수직선 위를 움직이는 점 P의 시각 t ($t\geq0$)에서의 속도 $v(t)$가

$v(t)=4t^3-48t$

이다. 시각 $t=k$ ($k>0$)에서 점 P의 가속도가 0일 때, 시각 $t=0$에서 $t=k$까지 점 P가 움직인 거리를 구하시오.
(단, k는 상수이다.) [3점]

613 2023년 7월 교육청 8번

수직선 위를 움직이는 점 P의 시각 t ($t\geq0$)에서의 속도 $v(t)$가

$v(t)=t^2-4t+3$

이다. 점 P가 시각 $t=1$, $t=a$ ($a>1$)에서 운동 방향을 바꿀 때, 점 P가 시각 $t=0$에서 $t=a$까지 움직인 거리는? [3점]

① $\frac{7}{3}$ ② $\frac{8}{3}$ ③ 3
④ $\frac{10}{3}$ ⑤ $\frac{11}{3}$

614 2020년 3월 교육청 나형 27번

수직선 위를 움직이는 점 P의 시각 t에서의 속도 $v(t)$가 $v(t)=3t^2-12t+9$이다. 점 P가 $t=0$일 때 원점을 출발하여 처음으로 운동 방향을 바꾼 순간의 위치를 A라 하자. 점 P가 A에서 방향을 바꾼 순간부터 다시 A로 돌아올 때까지 움직인 거리를 구하시오. [4점]

유형 14 두 점의 위치와 움직인 거리

615 2023학년도 6월 평가원 11번

시각 $t=0$일 때 동시에 원점을 출발하여 수직선 위를 움직이는 두 점 P, Q의 시각 $t\ (t\geq 0)$에서의 속도가 각각

$$v_1(t)=2-t,\ v_2(t)=3t$$

이다. 출발한 시각부터 점 P가 원점으로 돌아올 때까지 점 Q가 움직인 거리는? [4점]

① 16 ② 18 ③ 20 ④ 22 ⑤ 24

616 2024년 5월 교육청 10번

실수 m에 대하여 수직선 위를 움직이는 두 점 P, Q의 시각 $t\ (t\geq 0)$에서의 속도를 각각

$$v_1(t)=3t^2+1,\ v_2(t)=mt-4$$

라 하자. 시각 $t=0$에서 $t=2$까지 두 점 P, Q가 움직인 거리가 같도록 하는 모든 m의 값의 합은? [4점]

① 3 ② 4 ③ 5 ④ 6 ⑤ 7

617 2023년 10월 교육청 19번

시각 $t=0$일 때 동시에 원점을 출발하여 수직선 위를 움직이는 두 점 P, Q의 시각 $t\ (t\geq 0)$에서의 속도가 각각

$$v_1(t)=12t-12,\ v_2(t)=3t^2+2t-12$$

이다. 시각 $t=k\ (k>0)$에서 두 점 P, Q의 위치가 같을 때, 시각 $t=0$에서 $t=k$까지 점 P가 움직인 거리를 구하시오. [3점]

618 2024년 3월 교육청 10번

시각 $t=0$일 때 동시에 원점을 출발하여 수직선 위를 움직이는 두 점 P, Q의 시각 $t\ (t\geq 0)$에서의 속도가 각각

$$v_1(t)=3t^2-6t-2,\ v_2(t)=-2t+6$$

이다. 출발한 시각부터 두 점 P, Q가 다시 만날 때까지 점 Q가 움직인 거리는? [4점]

① 7 ② 8 ③ 9 ④ 10 ⑤ 11

> 정답과 해설 200쪽

619 2024학년도 9월 평가원 11번

두 점 P와 Q는 시각 $t=0$일 때 각각 점 A(1)과 점 B(8)에서 출발하여 수직선 위를 움직인다. 두 점 P, Q의 시각 t ($t\geq0$)에서의 속도는 각각

$$v_1(t)=3t^2+4t-7,\ v_2(t)=2t+4$$

이다. 출발한 시각부터 두 점 P, Q 사이의 거리가 처음으로 4가 될 때까지 점 P가 움직인 거리는? [4점]

① 10 ② 14 ③ 19 ④ 25 ⑤ 32

620 2024학년도 수능(홀) 10번

시각 $t=0$일 때 동시에 원점을 출발하여 수직선 위를 움직이는 두 점 P, Q의 시각 t ($t\geq0$)에서의 속도가 각각

$$v_1(t)=t^2-6t+5,\ v_2(t)=2t-7$$

이다. 시각 t에서의 두 점 P, Q 사이의 거리를 $f(t)$라 할 때, 함수 $f(t)$는 구간 $[0, a]$에서 증가하고, 구간 $[a, b]$에서 감소하고, 구간 $[b, \infty)$에서 증가한다. 시각 $t=a$에서 $t=b$까지 점 Q가 움직인 거리는? (단, $0<a<b$) [4점]

① $\frac{15}{2}$ ② $\frac{17}{2}$ ③ $\frac{19}{2}$ ④ $\frac{21}{2}$ ⑤ $\frac{23}{2}$

09

유형 15 위치와 움직인 거리의 활용 (1); 속도의 그래프가 주어진 경우

621 2020년 3월 교육청 가형 15번

원점을 출발하여 수직선 위를 움직이는 점 P의 시각 $t\ (t\geq0)$에서의 속도 $v(t)$의 그래프가 그림과 같다.

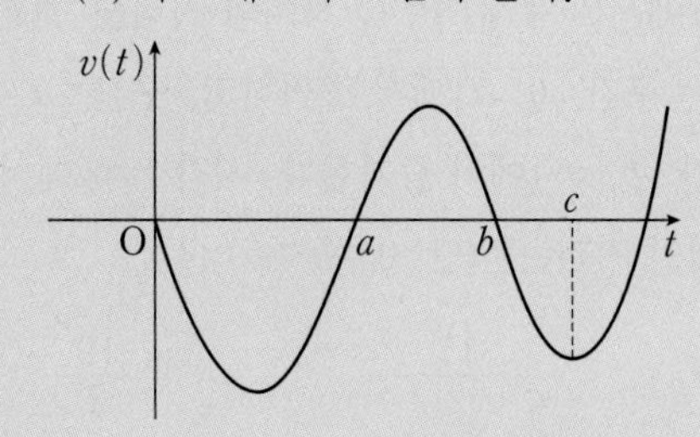

점 P가 출발한 후 처음으로 운동 방향을 바꿀 때의 위치는 -8이고 점 P의 시각 $t=c$에서의 위치는 -6이다.
$\int_0^b v(t)dt=\int_b^c v(t)dt$일 때, 점 P가 $t=a$부터 $t=b$까지 움직인 거리는? [4점]

① 3 ② 4 ③ 5
④ 6 ⑤ 7

622 2007학년도 수능(홀) 가형 8번

다음은 원점을 출발하여 수직선 위를 움직이는 점 P의 시각 $t\ (0\leq t\leq d)$에서의 속도 $v(t)$를 나타내는 그래프이다.

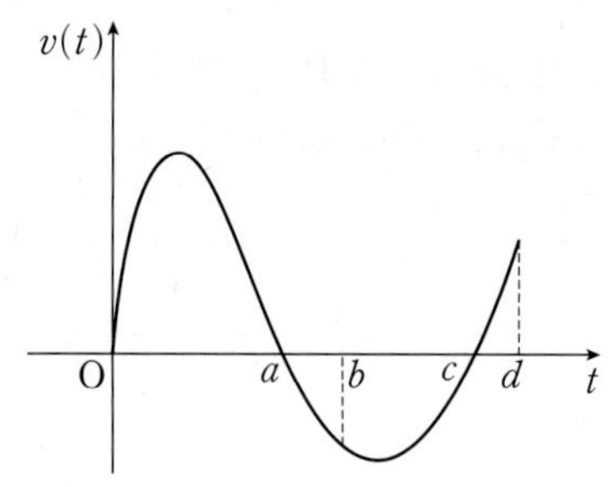

$\int_0^a |v(t)|dt=\int_a^d |v(t)|dt$일 때, **보기**에서 옳은 것을 모두 고른 것은? (단, $0<a<b<c<d$이다.) [3점]

보기

ㄱ. 점 P는 출발하고 나서 원점을 다시 지난다.
ㄴ. $\int_0^c v(t)dt=\int_c^d v(t)dt$
ㄷ. $\int_0^b v(t)dt=\int_b^d |v(t)|dt$

① ㄴ ② ㄷ ③ ㄱ, ㄴ
④ ㄴ, ㄷ ⑤ ㄱ, ㄴ, ㄷ

> 정답과 해설 202쪽

유형 16 위치와 움직인 거리의 활용 (2); 위치, 속도, 가속도의 식이 주어진 경우

623 2021년 7월 교육청 14번

시각 $t=0$일 때 원점을 출발하여 수직선 위를 움직이는 점 P의 시각 t $(t\geq0)$에서의 속도 $v(t)$가

$$v(t)=3t^2-6t$$

일 때, **보기**에서 옳은 것만을 있는 대로 고른 것은? [4점]

보기

ㄱ. 시각 $t=2$에서 점 P의 움직이는 방향이 바뀐다.

ㄴ. 점 P가 출발한 후 움직이는 방향이 바뀔 때 점 P의 위치는 -4이다.

ㄷ. 점 P가 시각 $t=0$일 때부터 가속도 12가 될 때까지 움직인 거리는 8이다.

① ㄱ ② ㄱ, ㄴ ③ ㄱ, ㄷ
④ ㄴ, ㄷ ⑤ ㄱ, ㄴ, ㄷ

→ 624 2022학년도 수능 예시문항 14번

수직선 위를 움직이는 점 P의 시각 t에서의 가속도가

$$a(t)=3t^2-12t+9\ (t\geq0)$$

이고, 시각 $t=0$에서의 속도가 k일 때, **보기**에서 옳은 것만을 있는 대로 고른 것은? [4점]

보기

ㄱ. 구간 $(3, \infty)$에서 점 P의 속도는 증가한다.

ㄴ. $k=-4$이면 구간 $(0, \infty)$에서 점 P의 운동 방향이 두 번 바뀐다.

ㄷ. 시각 $t=0$에서 시각 $t=5$까지 점 P의 위치의 변화량과 점 P가 움직인 거리가 같도록 하는 k의 최솟값은 0이다.

① ㄱ ② ㄴ ③ ㄱ, ㄴ
④ ㄱ, ㄷ ⑤ ㄱ, ㄴ, ㄷ

> 정답과 해설 203쪽

625 2017년 9월 교육청 가형 17번 (고2)

원점을 동시에 출발하여 수직선 위를 움직이는 두 점 P, Q의 시각 $t\ (t\geq 0)$에서의 속도가 각각

$$f(t)=t^2-t,\ g(t)=-3t^2+6t$$

일 때, **보기**에서 옳은 것만을 있는 대로 고른 것은? [4점]

보기

ㄱ. 점 P는 출발 후 운동 방향을 1번 바꾼다.

ㄴ. $t=2$에서 두 점 P, Q의 가속도를 각각 p, q라 할 때, $pq<0$이다.

ㄷ. $t=0$부터 $t=3$까지 점 Q가 움직인 거리는 8이다.

① ㄱ ② ㄷ ③ ㄱ, ㄴ
④ ㄴ, ㄷ ⑤ ㄱ, ㄴ, ㄷ

626 2022학년도 수능(홀) 14번

수직선 위를 움직이는 점 P의 시각 t에서의 위치 $x(t)$가 두 상수 a, b에 대하여

$$x(t)=t(t-1)(at+b)\ (a\neq 0)$$

이다. 점 P의 시각 t에서의 속도 $v(t)$가 $\int_0^1 |v(t)|dt=2$를 만족시킬 때, **보기**에서 옳은 것만을 있는 대로 고른 것은? [4점]

보기

ㄱ. $\int_0^1 v(t)dt=0$

ㄴ. $|x(t_1)|>1$인 t_1이 열린구간 $(0,\ 1)$에 존재한다.

ㄷ. $0\leq t\leq 1$인 모든 t에 대하여 $|x(t)|<1$이면 $x(t_2)=0$인 t_2가 열린구간 $(0,\ 1)$에 존재한다.

① ㄱ ② ㄱ, ㄴ ③ ㄱ, ㄷ
④ ㄴ, ㄷ ⑤ ㄱ, ㄴ, ㄷ

> 정답과 해설 204쪽

627 2023학년도 수능(홀) 20번

수직선 위를 움직이는 점 P의 시각 t $(t\geq 0)$에서의 속도 $v(t)$와 가속도 $a(t)$가 다음 조건을 만족시킨다.

> (가) $0\leq t\leq 2$일 때, $v(t)=2t^3-8t$이다.
> (나) $t\geq 2$일 때, $a(t)=6t+4$이다.

시각 $t=0$에서 $t=3$까지 점 P가 움직인 거리를 구하시오.

[4점]

628 2020년 7월 교육청 나형 19번

첫째항이 1이고 공차가 2인 등차수열 $\{a_n\}$이 있다. 자연수 n에 대하여 좌표평면 위의 점 P_n을 다음 규칙에 따라 정한다.

> (가) 점 P_1의 좌표는 $(1,\ 1)$이다.
> (나) 점 P_n의 x좌표는 a_n이다.
> (다) 직선 $\mathrm{P}_n\mathrm{P}_{n+1}$의 기울기는 $\frac{1}{2}a_{n+1}$이다.

$x\geq 1$에서 정의된 함수 $y=f(x)$의 그래프가 모든 자연수 n에 대하여 닫힌구간 $[a_n,\ a_{n+1}]$에서 선분 $\mathrm{P}_n\mathrm{P}_{n+1}$과 일치할 때, $\int_1^{11} f(x)dx$의 값은? [4점]

① 140 ② 145 ③ 150
④ 155 ⑤ 160

629 2024학년도 수능(홀) 12번

함수 $f(x)=\frac{1}{9}x(x-6)(x-9)$와 실수 $t\ (0<t<6)$에 대하여 함수 $g(x)$는

$$g(x)=\begin{cases} f(x) & (x<t) \\ -(x-t)+f(t) & (x\geq t) \end{cases}$$

이다. 함수 $y=g(x)$의 그래프와 x축으로 둘러싸인 영역의 넓이의 최댓값은? [4점]

① $\frac{125}{4}$ ② $\frac{127}{4}$ ③ $\frac{129}{4}$

④ $\frac{131}{4}$ ⑤ $\frac{133}{4}$

630 2018년 10월 교육청 나형 29번

최고차항의 계수가 양수인 이차함수 $f(x)$가 다음 조건을 만족시킨다.

> (가) 모든 실수 t에 대하여 $\int_0^t f(x)dx=\int_{2a-t}^{2a} f(x)dx$이다.
>
> (나) $\int_a^2 f(x)dx=2$, $\int_a^2 |f(x)|dx=\frac{22}{9}$

$f(k)=0$이고 $k<a$인 실수 k에 대하여 $\int_k^2 f(x)dx=\frac{q}{p}$이다. $p+q$의 값을 구하시오.

(단, a는 상수이고, p와 q는 서로소인 자연수이다.) [4점]

> 정답과 해설 205쪽

631 2020년 3월 교육청 나형 30번

닫힌구간 $[-1, 1]$에서 정의된 연속함수 $f(x)$는 정의역에서 증가하고 모든 실수 x에 대하여 $f(-x)=-f(x)$가 성립할 때, 함수 $g(x)$가 다음 조건을 만족시킨다.

> (가) 닫힌구간 $[-1, 1]$에서 $g(x)=f(x)$이다.
> (나) 닫힌구간 $[2n-1, 2n+1]$에서 함수 $y=g(x)$의 그래프는 함수 $y=f(x)$의 그래프를 x축의 방향으로 $2n$만큼, y축의 방향으로 $6n$만큼 평행이동한 그래프이다.
> (단, n은 자연수이다.)

$f(1)=3$이고 $\int_0^1 f(x)dx=1$일 때, $\int_3^6 g(x)dx$의 값을 구하시오. [4점]

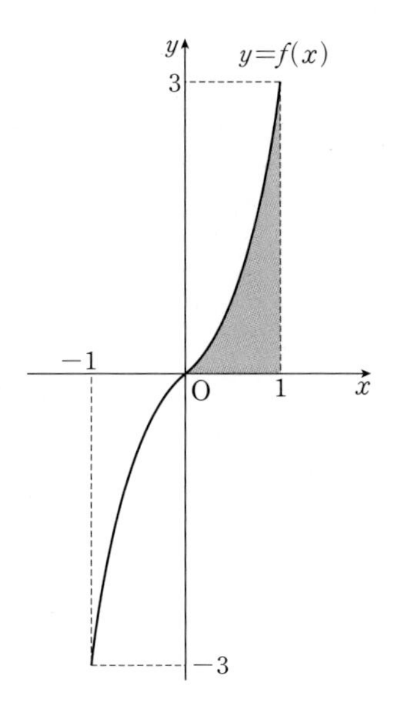

632 2013년 10월 교육청 A형 21번

그림과 같이 좌표평면 위의 두 점 $A(2, 0)$, $B(0, 3)$을 지나는 직선과 곡선 $y=ax^2$ $(a>0)$ 및 y축으로 둘러싸인 부분 중에서 제1사분면에 있는 부분의 넓이를 S_1이라 하자. 또, 직선 AB와 곡선 $y=ax^2$ 및 x축으로 둘러싸인 부분의 넓이를 S_2라 하자. $S_1 : S_2=13 : 3$일 때, 상수 a의 값은? [4점]

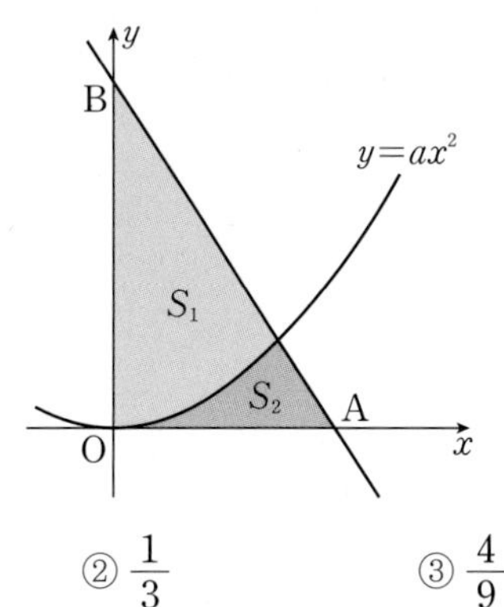

① $\frac{2}{9}$ ② $\frac{1}{3}$ ③ $\frac{4}{9}$
④ $\frac{5}{9}$ ⑤ $\frac{2}{3}$

633 2024년 5월 교육청 12번

최고차항의 계수가 1인 사차함수 $f(x)$에 대하여 곡선 $y=f(x)$와 직선 $y=\frac{1}{2}x$가 원점 O에서 접하고 x좌표가 양수인 두 점 A, B ($\overline{OA}<\overline{OB}$)에서 만난다. 곡선 $y=f(x)$와 선분 OA로 둘러싸인 영역의 넓이를 S_1, 곡선 $y=f(x)$와 선분 AB로 둘러싸인 영역의 넓이를 S_2라 하자. $\overline{AB}=\sqrt{5}$이고 $S_1=S_2$일 때, $f(1)$의 값은? [4점]

① $\frac{9}{2}$　② $\frac{11}{2}$　③ $\frac{13}{2}$　④ $\frac{15}{2}$　⑤ $\frac{17}{2}$

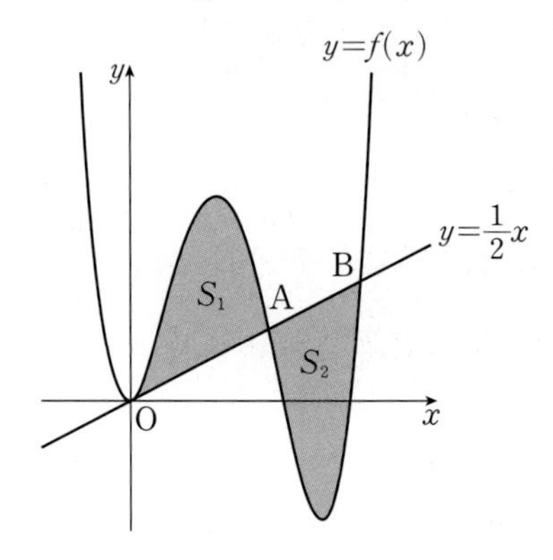

634 2011학년도 수능(홀) 가형 17번

원점을 출발하여 수직선 위를 움직이는 점 P의 시각 $t\ (0\le t\le 5)$에서의 속도 $v(t)$가 다음과 같다.

$$v(t)=\begin{cases} 4t & (0\le t<1) \\ -2t+6 & (1\le t<3) \\ t-3 & (3\le t\le 5) \end{cases}$$

$0<x<3$인 실수 x에 대하여 점 P가

시각 $t=0$에서 $t=x$까지 움직인 거리,
시각 $t=x$에서 $t=x+2$까지 움직인 거리,
시각 $t=x+2$에서 $t=5$까지 움직인 거리

중에서 최소인 값을 $f(x)$라 할 때, 옳은 것만을 **보기**에서 있는 대로 고른 것은? [4점]

보기

ㄱ. $f(1)=2$

ㄴ. $f(2)-f(1)=\int_1^2 v(t)dt$

ㄷ. 함수 $f(x)$는 $x=1$에서 미분가능하다.

① ㄱ　② ㄴ　③ ㄱ, ㄴ　④ ㄱ, ㄷ　⑤ ㄴ, ㄷ

수능기출
기today

펴 낸 날	2025년 1월 5일(초판 1쇄)
펴 낸 이	주민홍
펴 낸 곳	(주)NE능률

지 은 이	백인대장 수학연구소
개발책임	차은실
개 발	김은빛, 김화은, 정푸름
디자인책임	오영숙
디 자 인	안훈정, 기지영, 오솔길
제작책임	한성일

등록번호	제1-68호
I S B N	979-11-253-4951-8

대표전화	02 2014 7114
홈페이지	www.neungyule.com
주 소	서울시 마포구 월드컵북로 396(상암동) 누리꿈스퀘어 비즈니스타워 10층